Collaborative Leadership

Dr. Katrin Glatzel, Dr. Tania Lieckweg

Collaborative Leadership

Erfolgreiche Führung im digitalen Zeitalter mit dem 4C-Modell

1. Auflage

Haufe Group
Freiburg · München · Stuttgart

Bibliografische Information der Deutschen Nationalbibliothek

Die Deutsche Nationalbibliothek verzeichnet diese Publikation in der Deutschen Nationalbibliografie; detaillierte bibliografische Daten sind im Internet über http://dnb.dnb.de/ abrufbar.

Print: ISBN 978-3-648-14269-1 Bestell-Nr. 10555-0001
ePub: ISBN 978-3-648-14271-4 Bestell-Nr. 10555-0100
ePDF: ISBN 978-3-648-14272-1 Bestell-Nr. 10555-0150

Dr. Katrin Glatzel, Dr. Tania Lieckweg
Collaborative Leadership
1. Auflage, Juni 2020

www.haufe.de
info@haufe.de

Bildnachweis (Cover und Innenteil): Gestaltungswillen (http://gestaltungswillen.de/)

Produktmanagement: Anne Rathgeber
Lektorat: Maria Ronniger, Text+Design Jutta Cram, Augsburg

Inhaltsverzeichnis

Intro: Collaborative Leadership – eine Reise 13

1 Wie sich das Verständnis von Führung verändert 17
1.1 Führung als Mannschaftsleistung 17
1.2 Eine Vision der Veränderung entwickeln 18

2 Keine Titel im Casino: Wandel in Beratungsunternehmen 21
2.1 Beratung im Transformationsprozess 21
2.2 Wie unser Beratungsunternehmen sich verändert hat 23
2.2.1 Auf Komplexität reagieren 24
2.2.2 Entscheidungswege abkürzen 24
2.3 Titelverlust in Duisburg 25

3 Wie sich Organisationen verändern 27
3.1 Vom Sinn und Zweck des Organigramms 27
3.2 Warum Wandel die Führung immer miteinschließt 28
3.3 Wie die Zusammenarbeit bei *Spotify* funktioniert 30
3.4 Rasant ins Digital Age 33
3.4.1 Keine App beim Sommermärchen 33
3.4.2 Jobs, die wir heute noch nicht kennen 34
3.4.3 Wackeln wie Lilienthal 35

4 Collaborative Leadership 41
4.1 Was wir unter »Collaborative Leadership« verstehen 42
4.2 Wie Collaborative Leadership in Organisationen umgesetzt wird 44
4.2.1 Mindset 45
4.2.2 Selbstführung 45
4.3 Wie führen Sie? 46
4.3.1 Schätzen Sie sich selbst ein! 47
4.3.2 Überraschend viele Einblicke 53

5 Das 4C-Modell 57

5.1 Contribution – sich als Teil eines Ganzen begreifen 57

5.1.1 Verantwortung steigert die Motivation 57

5.1.2 Make the world a better place 58

5.1.3 Responsive Organisationen gestalten oder Wie jeder zum großen Ganzen beitragen kann 60

5.2 Creativity – warum Feedback so wichtig ist 67

5.2.1 Feedback ist zentral 68

5.2.2 Vertrauen als Basis für Kreativität 70

5.2.3 Kreatives Entwickeln von Ideen 71

5.2.4 Wie bei ***Pixar*** Kreativität gefördert wird 72

5.2.5 Führung in Innovationsprozessen 74

5.2.6 Experimente und Scheitern zulassen 76

5.3 Consent – Austausch und Auseinandersetzung 82

5.3.1 Mehrwert für Kunden schaffen 82

5.3.2 Arbeit effizienter organisieren 84

5.3.3 Auseinandersetzung: Was ist erlaubt – und was nicht? 85

5.3.4 Tragfähige Entscheidungen treffen 86

5.3.5 Die drei Prinzipien der Selbstorganisation 90

5.4 Communication – mehr und anders kommunizieren 100

5.4.1 Die richtigen Fragen stellen – und zuhören 101

5.4.2 Verstanden werden – endlich! 103

5.4.3 Collaborative Overload durch ständige Erreichbarkeit 103

5.4.4 Kommunikation effektiver gestalten 104

5.4.5 Organizational Communication 106

5.4.6 Sprechen wie die Start-ups 106

5.4.7 Sichtbar werden, ansprechbar sein 107

5.4.8 Social-Media-Kommunikation mit Missverständnissen 108

5.4.9 Die Teamarbeit im Check-up 109

5.4.10 Führung als Dialog 110

6 Welche Führung braucht Agilität? 115

6.1 Weniger Weisungsbefugnis, mehr Rollen 115

6.2 Führung, die auf Kollaboration setzt 120

6.3 Wird es Führung in Zukunft noch geben? 121

7 Unsere Toolbox ... 123
7.1 Tool 1: Zukunftsreise ... 124
7.2 Tool 2: 4C-Radar ... 126
7.3 Tool 3: Arbeit mit Bildern ... 129
7.4 Tool 4: Persona-Methode ... 131
7.5 Tool 5: DIBB-Modell ... 133
7.6 Tool 6: Digitale Tools ... 135
7.7 Tool 7: Team und Leadership Health Check ... 137
7.8 Tool 8: Ambidextrie-Quick-Check ... 139
7.9 Tool 9: My Leadership Purpose ... 140
7.10 Tool 10: Prototyping ... 142
7.11 Tool 11: Entscheidung mal anders ... 144
7.12 Tool 12: Feedback ... 145
7.13 Tool 13: Retrospektive ... 147
7.14 Tool 14: Storytelling ... 148
7.15 Tool 15: Lean Strategy ... 150

8 Literaturverzeichnis ... 153

Stichwortverzeichnis ... 157

Dank

Wir bedanken uns bei unseren Gesprächspartner*innen, Kolleg*innen und Freund*innen, die uns auf der Collaborative-Leadership-Reise bis hierher begleitet haben. Danke an Aldona Kihl für die großartige Unterstützung bei der Entwicklung des Fragebogens. Danke an alle Interviewpartner*innen. Danke an Jonathan M. Hoffmann und Carla Weymann für die hilfreichen Recherchen. Danke an alle Kolleg*innen bei der osb-i, die Feedback zum 4C-Modell gegeben haben.

Intro: Collaborative Leadership – eine Reise

San Francisco im Herbst 2013: Wir sind ins Silicon Valley gereist, um uns den Ort anzuschauen, an dem Start-ups geboren werden. In Berlin ist die Szene noch am Anfang und wir möchten mehr darüber herausfinden, wie Start-ups funktionieren. Ein Besuch bei *Pivotal Labs* öffnet uns die Augen für andere Formen der Zusammenarbeit im Unternehmen sowie zwischen Kunden und den Teams im Unternehmen. Die Kunden müssen dort drei Wochen vor Ort mitarbeiten – was für ein Unterschied (Glatzel/Lieckweg 2014)!

Das sind heute alles Geschichten, die man schon tausendfach gehört hat. Für uns war aber eine andere Begegnung viel entscheidender. Wir haben die Reise nach San Francisco mit dem Besuch der Lean-Startup-Konferenz verbunden. Und direkt am zweiten Tag der Konferenz stand das Thema Führung auf dem Programm. Wir sitzen gespannt im Auditorium, um über etwas das Thema zu hören, das uns professionell seit Jahren beschäftigt: Welche Führung brauchen Menschen, Unternehmen, Teams heute, um wirklich wirksam sein zu können? Da können wir von Start-ups doch sicher eine Menge lernen. Wir erwarten also junge Tech-Typen, die uns gleich etwas über eine ganz andere Art der Führung erzählen werden.

Und dann betritt die Bühne – ein Cowboy. In San Francisco, auf der Lean-Startup-Konferenz. Es ist Matt Mullenweg, der Gründer von *Automattic* und Mitgründer von *WordPress*. Die Menschen, die bei *Automattic* arbeiten, suchen sich ihren eigenen Arbeitsplatz – entweder zu Hause, im Café oder in einem Coworking Space, und zwar in mehr als 40 Ländern dieser Welt. Es gibt keine festen Arbeitszeiten, keine Anwesenheitspflichten und die Auswahl erfolgt mithilfe von Projekten, an denen die Bewerber testweise sechs Wochen lang mitarbeiten. Erst wenn in diesem Projekt klar wird, dass man zusammenarbeiten kann, wird die Person eingestellt.

Die rund 400 *Automatticians* sind die Pioniere von *Remote Work* – einer Arbeitsform, die viele Unternehmen heute zum ersten Mal testen und einführen. Bei *Automattic* von Beginn an ganz normal. Für uns klang es wirklich anders und aufregend. Wie kann in so einem Setup Leistung entstehen? Wie ein gemeinsames Arbeiten? Eine geteilte Kultur?

Einmal im Jahr findet das Grand Meetup statt – hier treffen sich alle Mitarbeiter*innen für sieben Tage. Dazwischen treffen sich die Teams fünf bis sieben Mal im Jahr an den unterschiedlichsten Orten der Welt. Der Rest findet digital statt. Was bedeutet das für Führung? Wie kann das funktionieren? Und gibt es noch mehr dieser Beispiele?

Hier hat unsere Reise dann richtig begonnen. Seit Herbst 2013 waren wir auf der Suche nach einer Beschreibung von Führung, die ins digitale Zeitalter passt – einer Führung, die auf Zusammenarbeit setzt, die das Gestalten in den Mittelpunkt stellt und die jede/n Einzelne/n mit seinen Fähigkeiten und ihrem Beitrag zum Ganzen ernst nimmt.

In vielen Beratungsprojekten haben wir seitdem mit Führungskräften an dieser Art der Führung gearbeitet. Wir haben unser Verständnis weiterentwickelt und getestet. Wir haben Feedback bekommen und haben unser Verständnis geschärft. 2016 haben wir dann eine Studie durchgeführt, in der wir Führungskräfte und Experten befragt haben. Daraus ist unser Konzept von kollektiver Führung – *Collaborative Leadership* – entstanden: das 4C-Modell.

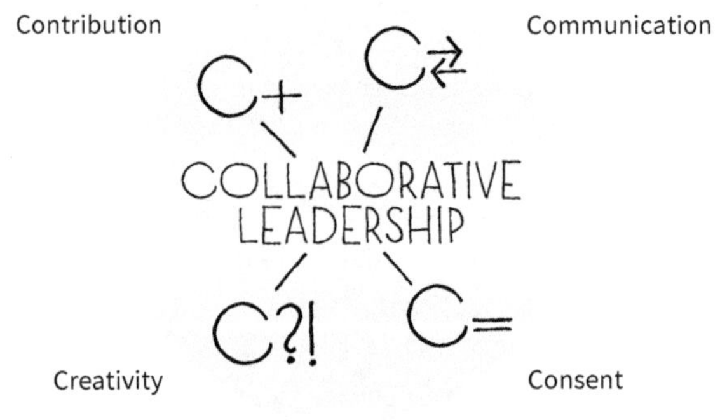

Nach wiederum vielen Anwendungen in Projekten und Seminaren, bei Keynotes und auf Managementkonferenzen hatten wir den Eindruck, dass wir unsere Erfahrungen, unsere Reise, unsere Erkenntnisse und unser Konzept jetzt möglichst vielen Führungskräften zur Verfügung stellen möchten.

Und wie eine Studie des *MIT* aus dem Frühjahr 2019 zeigt, ist es genau der richtige Zeitpunkt. Ein Forscherteam der *MIT Sloan School of Management* um Gerald Kane hat Schlüsselqualitäten von Führung im Zeitalter digitaler Transformation erforscht – und spricht sich dafür aus, traditionelle Führungsqualitäten mit solchen zu komplementieren, die aus den spezifischen Herausforderungen der Digitalisierung erwachsen. So wird verhindert, dass sich Führung entweder nur an vergangenen Erfahrungen orientiert oder aber eine völlig ungewisse und unbekannten Zukunft als Referenz nimmt – stattdessen machen die Autor*innen sich stark für einen Führungsansatz, in dem das Beste aus beiden Welten verschmilzt (Kane 2019). Ein Trend ist dabei klar zu beobachten: Es geht weg von der Hierarchie und hin zur kollaborativen Führung.

Ist die Arbeit wirklich so lässig?

Ein gutes Beispiel sind führende Technologiekonzerne wie *Google* oder *Spotify*. In der Wahrnehmung erscheinen sie als lässige Konzerne, in denen jeder sich entfalten, jeder das Beste einbringen kann. Sie wirken jung, dynamisch, kreativ und innovativ. Das Arbeiten selbst wirkt auch lässig, eher unkonventionell, scheint jedoch nicht immer einem klaren Ziel zu folgen. Jeder ist irgendwie wichtig, jeder folgt einem eigenen Plan und irgendwie kommt am Schluss etwas Erfolgreiches dabei heraus – etwas global Erfolgreiches. Außerdem profitieren sie vom Internet, in dem nichts Handfestes hergestellt wird.

Was nicht auf den ersten Blick sichtbar wird: Gerade die großen Technologiekonzerne folgen ganz klaren Regeln. Sie haben einen festen Rahmen, in dem sich alle bewegen. Der Output, die Kreativität und Innovationskraft sind das Ergebnis eingespielter Vorgänge.

Collaborative Leadership folgt festen Regeln. Collaborative Leadership braucht klare Strukturen. Und aus unserer Erfahrung mit zahlreichen Unternehmen können wir sagen: Werden die Regeln richtig angewendet, werden die Ideen Schritt für Schritt umgesetzt, funktioniert Collaborative Leadership in jedem Unternehmen, in jeder Branche. Collaborative Leadership ist das entscheidende Mosaiksteinchen in der Arbeitswelt von morgen.

Wir beraten Unternehmen und Konzerne, die ihre Führung, Kommunikation, Strategie und Abläufe wirksam gestalten wollen. Wir beraten Organisationen, die sich verändern wollen oder müssen. Dabei geht es fast immer um Kommunikation. Und um Führung. Wir erleben dabei, dass es in vielen Unternehmen immer mehr um die Frage geht, wie Kommunikation, Kreativität, Konsent und Mitwirkung gestaltet – wie *Communication, Creativity, Consent* und *Contribution* wirksam umgesetzt werden können.

Das sind unsere 4 C. Aus diesen 4 C haben wir ein Modell entwickelt – ein Modell, das dabei hilft, den Transformationsprozess wirkungsvoll zu meistern.

!

Collaborative Leadership – die Definition

Die Veränderungen von Führung lassen sich als eine Veränderung hin zu mehr Kooperation, mehr Verständigung, mehr Abstimmung, mehr Einbeziehung, mehr Vermittlung verstehen. Die zentrale Herausforderung für Führung in digitalen Zeiten besteht nicht allein darin, die technologischen Entwicklungen der eigenen Branche zu kennen und deren disruptive Auswirkungen einschätzen zu können, denn dies ist der vergleichsweise einfache Teil der Digitalisierung. Die eigentliche Herausforderung von Führung besteht darin, die eigene Organisation dazu zu befähigen, sich für die Veränderungen zu öffnen, diesen proaktiv zu begegnen und sich den Entwicklungen zu stellen.

In diesem Buch zeigen wir Ihnen, wie Sie Führung erfolgreich umsetzen. Wir zeigen Ihnen, wie Collaborative Leadership nicht zum Buzzword wird, sondern zum entscheidenden Tool für den digitalen Wandel. Wir haben erkannt, dass es klare verbindliche Regeln innerhalb eines Unternehmens geben muss, um eine neue Art der Zusammenarbeit und der Führung zu implementieren. Um diese neue Art der Führung in Unternehmen zu initiieren und einzuführen, gehen wir immer Schritt für Schritt vor. Genau diese Antworten finden sich in diesem Buch. Hier erfahren Sie, wie Sie Veränderungen möglich machen, wie Sie Schritt für Schritt auch anhand des von uns entwickelten 4C-Modells Veränderungen effizient umsetzen.

Spoiler vorweg: Es hat auch mit Ihrer Veränderungsbereitschaft zu tun. Packen Sie's an!

1 Wie sich das Verständnis von Führung verändert

Klar ist: Führung hat sich verändert. Führung wird sich weiter verändern. Und die Veränderungen von Führung, die wir beobachten, lassen sich als eine Veränderung hin zu mehr Kooperation, mehr Verständigung, mehr Abstimmung, mehr Einbeziehung, mehr Vermittlung verstehen. Wir haben dafür den Begriff »Collaborative Leadership« gewählt. Der Begriff fasst zusammen, was viele unserer Gesprächspartner und Kunden beschreiben – und damit einen Trend, der sich derzeit beobachten lässt. Es geht nicht um eine umfassende Veränderung, die in allen Organisationen schon angekommen ist. Aber sie wird alle Organisationen beschäftigen – auf die eine oder andere Weise.

1.1 Führung als Mannschaftsleistung

Ein Verständnis von Führung, das auf »Collaboration« setzt, geht weg vom Erfolg des Einzelnen und hin zum Erfolg des Teams oder der Community. Das einstige Modell von »Command & Control« verliert heute deutlich an Kraft. Führung heißt immer seltener: Ein einsamer Mensch sitzt ganz oben im Organigramm und trifft allein seine weisen Entscheidungen, die dann von seinen Untergebenen treu exekutiert werden.

Das alte Modell der heroischen Führung durch einen exponierten CEO hat ganz offensichtlich ausgedient. Unter den Bedingungen von Komplexität ist Führung als Mannschaftsleistung und als Systemfunktion zu verstehen. Denn ein Einzelner kann die vielen Perspektiven, die notwendig sind, um komplexe Situationen zu bearbeiten, nicht einnehmen. Dazu braucht es ein Team, ein wirklich kollaborativ arbeitendes Team – und eine Führung, in der es mehr um Kompetenz als um Macht und Posten geht.

Im Digital Age, im digitalen Zeitalter, geht es darum, Führung, also »Collaborative Leadership« so auszugestalten, dass Experten, Kreative, Entscheider, Manager und Führungskräfte die Chancen der Komplexität nutzen und einen Beitrag zur Entstehung eines neuen Ganzen leisten können. Die Zukunft gehört einer Führungskultur, die sich nicht auf den einzelnen Menschen verlässt. Auch weil das schlichtweg zu riskant ist.

Möglichst viele Kolleginnen und Kollegen in einem Unternehmen sollten daran arbeiten, Dinge zu verbessern und Verantwortung zu übernehmen – und zwar im Team, als Teil eines Netzwerks. Es gilt, möglichst viel Brainpower im Unternehmen zu vernetzen, Teams zu bilden und neue Entscheiderinnen und Entscheider zu ermöglichen. Dann macht Führung Teams, Unternehmen und Organisationen effizienter und erfolgreicher.

1.2 Eine Vision der Veränderung entwickeln

Um eine neue Form der Führung in Unternehmen umzusetzen, haben wir, wie erwähnt, ein Modell entwickelt und dabei die aus unserer Sicht entscheidenden vier Dimensionen in den Blick genommen. Vier Dimensionen, die das ausmachen, was wir »Führung« nennen. Mit unserem 4C-Modell wird niemand über Nacht eine bessere Führungskraft – es wäre nicht seriös, das zu versprechen. Aber das Modell nimmt Sie an die Hand. In praktischen Beispielen aus unserem Berater-Alltag zeigen wir Ihnen, wie Führung heute gelingt, wie man einen Begriff wie »Digital Leadership« mit Leben füllt und wie sich ein Veränderungsprozess einleiten lässt.

Wie hat ein Chef, eine Chefin zu sein in einer Welt, in der sich von heute auf morgen alles ändern kann? Was gestern die Produktion verbesserte, ist heute eine veraltete Technologie. Was gestern noch wie am Schnürchen lief, überfordert heute die CEOs. In Zeiten der zunehmenden Automatisierung der Arbeit und in Zeiten der digitalen Disruption braucht es Führungskräfte, die eine Vision der Veränderung entwickeln und vermitteln können – und diese Vision nachhaltig und mit positiver Energie in ihre Organisation hineintragen.

The capabilities to make change happen
Technologie ist aus unserer Sicht ohnehin der eher einfache Teil der Digitalisierung, wobei der Begriff »einfach« relativ ist. Aber die Technologie ist die Basis, wie im Sport: Kondition und Kraftausdauer – das muss selbstverständlich sein, das bildet das Fundament. Wirklich herausfordernd (und erfolgsbringend) ist das Geschick, einen Ball zu versenken, eine Hürde zu nehmen, eine Strecke zu meisten.

Und so ist es die eigentliche Herausforderung für Unternehmen, über die reine Implementierung von technologischen Innovationen hinaus Veränderungen einzuleiten, Veränderungen proaktiv zu begegnen und sich den Herausforderungen zu stellen. Die zentrale Frage für Führungskräfte lautet heute: »How do we set up the capabilities to make change happen?« Darauf gilt es, schlüssige Antworten zu finden.

2 Keine Titel im Casino: Wandel in Beratungsunternehmen

Der Ort für unser erstes Treffen war ungewöhnlich. An den Wänden blinkten die Münzautomaten, zwei Flipper standen im Raum, es war etwas abgedunkelt. Normalerweise treffen wir uns mit Kunden in einem Konferenzraum, in einem Büro oder auch in einem Café. Diesmal war es ein Casino, ein Automaten-Spielcasino, das eigentlich nicht der Ort ist, an dem große Transaktionen gestartet werden sollten. Zumindest keine legalen.

Doch der Kunde bestand darauf, denn er wollte (noch) nicht mit uns gesehen werden. Vor allem sein Team sollte noch nicht wissen, dass er ein anderes Beratungsunternehmen hinzuzieht.

Wir saßen also im Spielcasino, die Automaten klimperten, ein paar Männer steckten wortlos neue Euros in die Maschinen und wir sprachen über neue Führung, über Leadership und darüber, warum die eigentliche Herausforderung von Führung darin besteht, die eigene Organisation für Veränderungen zu öffnen. Und das geht eben auch im Casino. Zumal wir den Kunden schon länger kannten, schon seit der Zeit an der Universität. Wir hatten gemeinsam an unserer Promotion gearbeitet und gemeinsam Luhmann gelesen, das verbindet.

2.1 Beratung im Transformationsprozess

Unser Kunde hatte vor einiger Zeit ein erfolgreiches Beratungsunternehmen in Duisburg aufgebaut. Sein Unternehmen berät vor allem Firmen aus der Modebranche, einer Branche, die mächtig unter Druck steht. Die großen Online-Häuser wie *Zalando* und *Amazon* setzen dem Mode-Einzelhandel heftig zu, Billiganbieter überschwemmen zudem den Markt mit nahezu ständig wechselnden Kollektionen. Zudem haben es viele Modehäuser versäumt, Erfolg versprechende Digitalisierungs- und Marketingkonzepte umzusetzen – sei es in elementaren Fragen wie der Supply-Chain-Optimierung oder der systematischen Analyse und Auswertung von Daten, sei es durch fehlende moderne und direkte Kundenansprache. Während der *Zalando*-Kunde sofort erfährt, was andere Kunden sich zusammen mit der Hose oder den Schuhen gekauft haben, was also dazu passen könnte, wird man im Einzelhandel abschätzend angeblickt, ob man sich die Hose oder die Schuhe überhaupt leisten kann.

Kurz und gut: Die Probleme der Branche sind so vielfältig wie existenzbedrohend. Viele Modeunternehmen leiden unter wegbrechenden Kundengruppen, unter Margenproblemen und viele haben in den vergangenen Jahren die Internationalisierung verschlafen. Viele Modeanbieter brauchen dringend einen Rat. Und genau da stießen unser Kunde und sein Team mit ihrem Beratungsansatz in eine Lücke.

Ihnen gelang es, zahlreiche Unternehmen der Modebranche strategisch gut zu positionieren. Sie hatten einen Weg gefunden und ein Beratungstool entwickelt und gezeigt, wie man strategisch an die vermeintlich unlösbaren Probleme herangeht – in einer Branche, in der sich die Spielregeln ständig ändern. Und in der sich – wie in vielen anderen Branchen auch – die Herausforderungen für Leadership ändern. Denn nahezu alle Probleme der Modebranche lassen sich auf den fehlenden Weitblick in den Führungsetagen zurückführen.

Führung heißt heute: überzeugend verändern. Und damit wären wir wieder im Spielcasino. Denn die Frage ist, wenn der Abschied von alten Führungsmechanismen eingeleitet ist:

- Was kommt danach?
- Was ersetzt die alte Hierarchie?
- Und warum ist es sinnvoller, Entscheidungen in Teams zu treffen?

Vor allem rückblickend gesehen war es richtig, das erste Gespräch etwas versteckt bei den Spielautomaten zu suchen, entfernt von den Kolleginnen und Kollegen. Denn unserem Kunden war schnell klar: Wenn er und seine Beraterinnen und Berater Modeunternehmen im Transformationsprozess unterstützen sollen, muss sich zunächst sein eigenes Beratungsunternehmen grundlegend transformieren. Denn wie glaubwürdig ist man als Berater, wenn man weiter auf klassische Hierarchien, auf Befehl und Gehorsam, auf schmucke Titel und beeindruckende Visitenkarten setzt, während man seinen Kunden ziemlich genau das Gegenteil empfiehlt?

Und da begann unsere Beratung. Auch wir sind diesen Weg gegangen. Für uns ist es eine Selbstverständlichkeit. Wer uns Veränderung anvertraut, sollte sich darauf verlassen können, dass wir nicht im Gestern verharren.

2.2 Wie unser Beratungsunternehmen sich verändert hat

Wir selbst haben auch bei uns, bei der *osb Berlin*, einen grundlegenden Umbau hinter uns. Wir sind systemische Organisationsberater. Wir beraten Unternehmen und Konzerne, die ihre Führung, Kommunikation, Strategie und Abläufe wirksam gestalten wollen. Wir beraten Organisationen, die sich verändern wollen oder müssen. Dabei geht es fast immer um Kommunikation. Und um Führung. Wir erleben dabei, dass es in vielen Unternehmen immer mehr um die Frage geht, wie Kommunikation, Kreativität, Konsent und Mitwirkung gestaltet, wie Communication, Creativity, Consent und Contribution wirksam umgesetzt werden können. Das sind unsere 4 C. Aus diesen 4 C haben wir ein Modell entwickelt. Ein Modell, das dabei hilft, den Transformationsprozess wirkungsvoll zu meistern.

Auch wir haben einen Transformationsprozess zu meistern. Auch wir stehen vor der Herausforderung einer sich ständig wandelnden Welt, in der es zwar viele Ideen, auch viele Moden und Trends gibt, aber eben nicht immer Orientierung.

Bei uns hat alles mit einer Niederlage begonnen.

Wir hatten einen großen Kunden verloren. Ein Unternehmen, für das wir lange gearbeitet hatten, entschied sich für einen Konkurrenten. Ein großer Etat brach weg. Das kann passieren und deswegen muss man nicht gleich alles auf den Prüfstand stellen. Wir taten es trotzdem, blickten selbstkritisch auf unseren Alltag, auf Abläufe und Routinen – und stellten fest: Wir waren nicht schnell genug.

Beziehungsweise: Wir waren nicht schnell genug reaktions- und antwortfähig. Bei unseren Kunden geschieht so viel in so kurzer Zeit, sie brauchen zügig einen Rat, eine Einschätzung, eine Analyse. Und wir fühlten uns unter Druck, hier rasch antwortfähig zu sein. Schneller, als wir es bislang gewohnt waren.

»Draußen« in der Welt folgt vieles nicht mehr dem gleichen Muster. Oder es folgt einem neuen Muster. Einem sich ständig erneuernden Muster.

2.2.1 Auf Komplexität reagieren

Der Grad der Komplexität in einer vernetzten Gesellschaft ist ungleich höher, als dies noch vor einigen Jahren der Fall war. Damit wird es für Organisationen zu einer ungleich größeren Herausforderung, dieser Komplexität, die sie für sich als Unsicherheiten in Form von Entscheidungen bearbeiten, noch mit Stabilität und Sicherheit zu begegnen. Stabile Systeme und feste Kopplungen sind in ihren Reaktionszeiten schlicht zu langsam für ein erfolgreiches unternehmerisches Operieren unter den heutigen Bedingungen.

Das heißt: Entscheidungen müssen beschleunigt werden.

2.2.2 Entscheidungswege abkürzen

Also mussten wir unsere Entwicklungsprozesse »abkürzen«. Und eine »Abkürzung« ist immer eng verknüpft mit der Führung. Denn was Zeit in Anspruch nimmt, sind Entscheidungen. Und viele Entscheidungen stauen sich auf der Führungsebene. Zum einen, weil es schlicht zu viele Entscheidungen sind, die einer allein treffen soll – der berühmte Bottleneck, der Flaschenhals, durch den Unmengen an Entscheidungen gedrückt werden. Zum anderen, weil sich Entscheidungen heute schwieriger gestalten, weil Problemstellungen zu komplex sind.

Deshalb haben wir bei der *osb Berlin* umgestellt. Eine der ersten Maßnahmen: Nicht nur der oder die, der/die oben steht, hat das letzte Wort. Stattdessen setzen wir auf gemeinschaftliche Entscheidungsprozesse. Entscheidungen sind bei uns heute Teamsache, und Führung in erster Linie eine Dienstleistung. Führung sollte ohnehin nie als Machtdemonstration oder gar als Selbstverherrlichungsinstrument missbraucht werden.

Führung heißt in erster Linie Verantwortung übernehmen. Und je mehr an dieser Verantwortung teilhaben, je mehr Teammitglieder Verantwortung übernehmen, desto positiver ist das für die Organisation. Und desto bessere Entscheidungen werden getroffen.

Denn Entscheidungen orientieren sich heute an Inhalten. Entscheidungen werden intensiver verhandelt und können mal von jener, mal von jenem getroffen werden.

Mal gibt es einen, der das technische Know-how hat, mal sind es komplexe inhaltliche Fragen, die eine andere besser beantworten kann. Oder Entscheidungen werden im Team diskutiert, sie entstehen in einer Teamsitzung, aus dem Humus eines guten Teams – und sie entstehen nicht im Kopf eines Einzelnen.

Es antwortet derjenige, der gefragt wird

In traditionellen Organisationen werden Entscheidungen meist durch einen Einzelnen getroffen – vulgo »den Chef« oder »die da oben«. Moderne Organisationen sind anders: Das Wissen vieler fließt in die Entscheidungen mit ein, eben nicht nur der Verstand und das Bauchgefühl eines Einzelnen.

Entscheidungen sind heute eher das Resultat einer multidisziplinären Kooperation, nicht das Resultat von Hierarchien. Und Entscheidungen, die das Ergebnis von Netzwerkkooperationen sind, haben einen wichtigen Vorteil: Sie werden schneller getroffen. Es kann also der antworten, der gefragt wird. Der- oder diejenige muss sich nicht erst abstimmen, muss nicht erst Entscheidungen »von oben« abwarten, sondern ist antwort- und reaktionsfähig – und als Antwortende oder Antwortender auch legitimiert.

Bei uns, bei *osb*, haben wir diese neue Teamstruktur konsequent umgesetzt. Wir sind dadurch schneller und reaktionsfähiger geworden, können Beratungskonzepte schneller umsetzen und haben generell die Wirksamkeit unserer Organisation erhöht. Das war kein Selbstläufer: Das fordert alle.

Es hilft aber signifikant, um sich auf die Herausforderungen des Kunden »einzuschwingen«. Weil man selbst nicht nach einem Muster vorgeht, sondern immer wieder eine neues Muster schafft.

2.3 Titelverlust in Duisburg

Diese Veränderungen können dann auch dazu führen kann, dass Mitarbeiter ihren Titel verlieren.

Unser Kunde, das Beratungsunternehmen in Duisburg, hat mit unserer Unterstützung eine neue Struktur aufgebaut. Das Unternehmen hat unser 4C-Modell konsequent angewendet, hat Kommunikation und Konsent verstärkt, und zwar auch, indem es alte Titel- und Positionsbezeichnungen aufgegeben hat.

In hierarchischen Strukturen mit »Abteilungsleitern«, »Bereichsleitern« und »Zuständigkeiten« ist der offene Austausch meist nicht möglich, Kritik, selbst Feedback an die jeweilige »Leitung« findet kaum statt und »Konsens« bedeutet oft, dass man letztendlich das macht, was die jeweilige Führungskraft vorgibt.

Also weg mit Titel, Posten und Hierarchien. Weg mit »Leitungen« und »Zuständigkeiten«. Hin zu gemeinsamen Entscheidungen, zu Teamstrukturen und Selbstorganisation. Statt »Senior Consultants« oder »Managing Directors« oder anderen schönen Titeln, die die Visitenkarten zieren, haben die Duisburger Berater beispielsweise nur noch eine Bezeichnung für alle: Smart Creatives. Chef? Smart Creative. Praktikant? Smart Creative. Beraterin? Smart Creative. Einfach und doch so effektiv. Denn der Fokus weg von Titel und Posten hin zu Kreativität kommt nicht nur dem Arbeitsklima zugute, sondern vor allem auch den Beratungsleistungen. Darüber hinaus hat das Unternehmen sich neue Büroräume geschaffen – offen und kommunikativ.

Die Mitarbeiter erproben selbst Methoden des agilen Arbeitens, experimentieren mit New-Work-Ideen, um einerseits auszuloten, inwieweit sie davon profitieren, und andererseits, um eine Glaubwürdigkeit gegenüber ihren Kunden aufzubauen: Um ihnen zu zeigen, wie flexibel und durchlässig neue Formen der Zusammenarbeit sind.

3 Wie sich Organisationen verändern

3.1 Vom Sinn und Zweck des Organigramms

Vielleicht kennen Sie diese Situation: Sie kommen mit einem neuen Gesprächs- oder Kooperationspartner in Kontakt, beispielsweise einem potenziellen Auftraggeber oder Kunden. Sie bereiten sich auf das erste *Skype*-Meeting oder persönliche Kennenlernen vor. Zunächst recherchieren Sie rund um die Person(en), die Sie treffen werden. Im zweiten Schritt machen Sie sich ein wenig schlau über die Organisation, die hinter den Personen steht. Sie lesen etwas über das Unternehmen, sie landen auf der Website und früher oder später kommen Sie unweigerlich an einem Organigramm oder einem Org Chart vorbei.

Das Netz ist voll mit Organigrammen – fast jedes Unternehmen kann einen solchen Plan der Aufbauorganisation inklusive der Benennung von Funktionen sowie Über- und Unterordnungen vorweisen. Interessant ist: Die Organigramme von heute gleichen jenen aus den Zeiten der Einführung der Massenproduktion und des Scientific Management vor über hundert Jahren bis aufs Haar. Wie kann das sein? Wird in den heutigen Unternehmen genauso gearbeitet wie damals, als es darum ging, möglichst viele identische schwarze Ford-T-Modelle mit minimalem Zeit-, Kapital- und Ressourceneinsatz vom Band laufen zu lassen?

Die Veränderung in Organisationen ist im vollen Gange. Die Neuinterpretation von Org Chart und Hierarchie treffen wir gegenwärtig in allen uns bekannten Organisationen an. Früher waren Hierarchien in erster Linie zur Überwachung von Mitarbeitern geeignet. Heute wird darüber diskutiert, wie Freiraum und Selbstverantwortung gesteigert werden können. Allerdings handelt es sich hierbei vielfach um interne Debatten, die ihren Niederschlag bis dato nicht in der Außendarstellung der Organisation gefunden haben. Vor allem dann nicht, wenn es sich um eher konservative Unternehmen handelt, deren Geschäft stark auf die Vermittlung von Sicherheit und Stabilität ausgerichtet ist, wie dies bei Rückversicherern, Steuerberatungsgesellschaften oder Banken der Fall ist.

Dirk Baecker ist Soziologe und hat bereits in den 1990er-Jahren in Berlin seine Beobachtungen zu einem postheroischen Management veröffentlicht. Das postheroische Management begreift Hierarchie als eine Variante der Organisation von Selbstorganisation und versteht Führung als eine Aufgabe, die zwischen den beteiligten Teammitgliedern »vagabundiert« (Baecker 1994). Hieran kann man zweierlei erkennen:

1. Wir sprechen weder über eine Abschaffung von Hierarchie noch über eine Abschaffung von Führung. Es geht um die dringend notwendige Weiterentwicklung eines Organisationsverständnisses, das vielfach auf Ideen basiert, die auf das Zeitalter der Industrialisierung zurückzuführen sind – und dort auch ihre Berechtigung hatten.
2. Die Entwicklungen in Organisation und Führung, über die wir in diesem Buch sprechen, sind nicht so neu, wie der heute allenthalben verwendete Begriff »New Work« (vgl. diverse Autoren, z. B. Aaron Dignan 2019) glauben macht. Komplexität, Selbstorganisation und ein Führungsverständnis, das elaborierter ist als das klassische Law-and-Order-Verständnis, sind spätestens seit den 1980er-Jahren in der Diskussion. Allerdings haben die technologischen Entwicklungen die Rahmenbedingungen für Führung und Organisation in den letzten Jahren in einem Maße vor neue Herausforderungen gestellt, das nicht mehr als Randerscheinung bezeichnet werden kann.

3.2 Warum Wandel die Führung immer miteinschließt

Prozesse müssen agil und fluide gestaltet werden – das ist fast schon eine Binsenweisheit. Zudem brauchen Organisationen eine höhere Responsiveness, also eine höhere Reaktionsfähigkeit. Diese müssen sie gestalten, ausbalancieren und erfolgreich machen. Sie müssen die Mitarbeiter befähigen, in diesen neuen Strukturen wirksam zu werden, sie müssen die Kommunikation, das Feedback und den Beitrag einfordern und trotzdem immer für Orientierung sorgen. Die Organisation ist morgen eine andere als heute, war gestern eine andere, als sie übermorgen sein wird. Sie entwickelt sich und bleibt dadurch überlebensfähig. In dieser Situation ist es fast unmöglich, Orientierung zu bieten – und trotzdem ist es die Aufgabe von Führung, genau dies zu leisten, bei aller Flexibilität und Fluidität.

Das alles zählt in unserem Verständnis zu Collaborative Leadership. Es geht darum, wie es Organisationen gelingt, mit der technologischen Entwicklung Schritt zu halten, ohne sich allein von der technologischen Entwicklung leiten zu lassen. Digitalisierung, künstliche Intelligenz oder Robotik mögen fundamentale Veränderungen herbeiführen – diese zu lenken, das Potenzial darin zu entdecken, ist Aufgabe von Leadership.

Und dabei kommt es auf Communication, Creativity, Consent und Contribution an, auf die 4 C.

Unser Modell ist kein statisches Modell, sondern ein Modell, das sich ständig erneuert, das lebt, das sich evolutionär entwickelt. Wir beobachten intensiv, was in Unternehmen los ist, wir hören, was Wissenschaftler und Kollegen dazu beitragen, wir verfolgen technologische und soziale Innovation – und entwerfen darauf basierend auch eine Landkarte für Organisationen. Eine Landkarte der Fähigkeiten und Chancen.

Ohne eine Landkarte der Fähigkeiten und Chancen geht es heute nicht mehr. Denn in Unternehmen scheint vieles unübersichtlich. Das Alte greift noch, das Neue sollte aber schon eingeführt sein. Die Führungsebene sieht: Die Dinge müssen sich ändern, zumal sich in den Bedingungen pausenlos etwas ändert. Doch wie?

Der Erkenntnisgewinn ist bei fast allen recht hoch. Die meisten, gerade Vorstände und Geschäftsführer, sind sehr informiert, sie wissen Bescheid über technologische Entwicklungen. Das Problem ist immer die Umsetzung. Woran liegt das? Fehlt es an Instrumenten? Fehlt es an einem Plan? Oder fehlt es schlichtweg am Willen und an der Hartnäckigkeit, einen neuen Weg nicht nur einzuschlagen, sondern diesem auch zu folgen?

Fakt ist: Instrumente wie E-Commerce, Social Media oder das Internet der Dinge vernetzen Personen und Organisationen in der ganzen Welt, Informationen stehen schneller oder sogar in Echtzeit zur Verfügung. Dadurch verstärkt sich der Eindruck von Transparenz und Verfügbarkeit. Mit dem World Wide Web begann 1989 eine technologische und kulturelle Revolution, die das Alltagsleben sowie die Arbeits- und Geschäftswelt seither radikal verändert hat.

Vieles spricht dafür, dass die digitale Transformation von Wirtschaft und Gesellschaft auch heute noch am Anfang steht. Es mag zwar inzwischen zum Allgemeinwissen gehören, dass künftig alles digitalisiert wird, was digitalisiert werden kann, und es spricht wenig dagegen, dass es nicht so kommen wird. Aber Fakt ist auch, dass die nächste Welle der Vernetzung bereits anrollt.

Die Digitalisierung wird im Verlauf des 21. Jahrhunderts weiter voranschreiten. Dabei geht es längst nicht mehr nur um Software, um Mobile Devices, sondern vielmehr um eine Lebenshaltung. So geht das renommierte US-amerikanische Marktforschungsunternehmen *Gartner* davon aus, dass sich bis spätestens Ende 2020 der 3D-Drucker-Markt für Endkunden etabliert.

Bereits heute ist technisch mehr möglich, als sich die meisten von uns vorstellen können. Vor zehn Jahren hatten wir allenfalls eine vage Ahnung von der Realität, die uns heute umgibt – und die Entwicklung geht in rasantem Tempo weiter.

Es braucht also ein neues Playbook, neue Orientierungen für Führung in einem digitalen Zeitalter. Und diejenigen, die die Führungsaufgaben wahrnehmen, fühlen sich auf die Herausforderungen der digitalen Ökonomie nicht wirklich gut vorbereitet – sagen die renommierten Forscher der *MIT Management School* als Fazit einer sehr breit angelegten Erhebung, die über 4.000 Führungskräfte umfasst (Ready et al. 2020). Dan Shapero, VP bei *LinkedIn*, bringt auf den Punkt, was gute Führung aus seiner Sicht heute ausmacht:

> »In a way, it boils down to a few things: Do they build great teams? Do they understand the implications of technology on the business? Are they able to adapt to the speed at which business is happening? Can they operate at a high level and a low level simultaneously? And do they have the ability to build trust across the organization to get things done?«
>
> (in: Ready et al. 2020: 7)

3.3 Wie die Zusammenarbeit bei *Spotify* funktioniert

Ein Unternehmen, das sehr konsequent auf agile Methoden setzt und Führung von Beginn neu definiert hat, ist der Musikdienstleister *Spotify*. Das 2006 gegründete Unternehmen verzeichnete einen Umsatz von knapp sieben Milliarden im Jahr 2019 und meldet für Anfang 2020 eine Abonnentenzahl von 124 Millionen weltweit bei einer aktiven Nutzerzahl von mehr als 271 Millionen in 79 Ländern. Die Mitarbeiterzahl liegt aktuell bei rund 4.000.

Wie der Streamingdienst *Spotify* Führung und Zusammenarbeit organisiert – und warum Mitarbeiter länger bleiben als in anderen Unternehmen, haben uns Lisa Kleinsorge und Robert Lamvik erzählt.

Interview mit Lisa Kleinsorge, Business Development bei *Twitter*, und Robert Lamvik, VP Growth bei *PlayVS* (beide Ex-*Spotify*)

»Für Führung braucht es einen guten DIBB – und den Polarstern.«

Lisa Kleinsorge und Robert Lamvik haben als Manager bei *Spotify* gearbeitet – und zwar für die Tech-Branche ungewöhnlich lange. Lisa war sechseinhalb Jahre bei *Spotify*, Robert vier Jahre. Die durchschnittliche Verweildauer bei Tech-Konzernen liegt bei 18 Monaten. Dass Lisa und Robert überdurchschnittlich lange bei *Spotify* tätig waren, liegt auch am besonderen Arbeitsumfeld – und am Polarstern. Was es damit auf sich hat, erklären uns die beiden in einem Gespräch im Soho House, stilecht in einem exklusiven privaten Members' Club, oberste Etage. Es ist Sonntagnachmittag, um uns herum viele Menschen, hippe Großstadtbewohner, leise ist es nicht. Dennoch schaffen wir ein gutes Gespräch, in guter Atmosphäre.

»North Star« (Polarstern) wird das große, das übergeordnete Ziel genannt. Das Ziel hieß zu Zeiten von Kleinsorge und Lamvik: Eine Milliarde Menschen sollen den Streamingdienst weltweit nutzen. Die Managementebene, die Führungskräfte identifizierten sich mit diesem Ziel – und die einzelnen Teams (z. B. Produktentwicklung, Marketing, Design) »lebten« dafür, dieses Ziel zu erreichen. Das war sozusagen die Richtschnur.

»Der Polarstern ist das Zehnjahresziel«, sagt Kleinsorge, »darunter gab es beispielsweise technologische Ziele, die wir in einem Quartal, in einem Jahr oder in drei Jahren erreichen wollten.«

Fehler und Feedback helfen

Organisiert ist *Spotify* in Squads (kleine multidisziplinäre Teams, etwa sieben bis 15 Personen), die sich einer klar definierten Aufgabenstellung widmen. Die Squads wiederum sind in Tribes zusammengefasst (jeweils ca. 100 Personen), die sich einer etwas höheren Mission verbunden fühlen (z. B. Produktentwicklung). Darüber steht die Alliance, die sich dem großen Ganzen verpflichtet fühlen. Alles ist in Bewegung, auch werden die Ziele regelmäßig auf den Prüfstand gestellt, die Prioritäten werden abgewogen. Und Fehlschläge sind nicht nur einkalkuliert, sondern helfen dabei, weiter zu wachsen und zu lernen, Fehler zu vermeiden. Ein entscheidender Punkt ist, dass nicht vorgegeben wird, was zu tun ist. Jeder Einzelne steht in der Verantwortung, sich einzubringen – niemand wartet darauf, dass ihm einer sagt, was er machen soll. Und wenn etwas getan wird, ist das Feedback entscheidend. »Die Feedback-Loops sind wichtig bei der Entwicklung neuer Produkte«, sagt Lamvik, »zumal *Spotify* ein *product-driven* Unternehmen ist.«

Führen heißt Vertrauen

Grundlage für diese agile Form der Zusammenarbeit sind die »DIBBs«. »DIBB« ist ein Akronym für Data, Insights, Believes, Bets. Wenn man bei *Spotify* über Führung spricht, dann muss man über die DIBBs sprechen.

»Die DIBBs sind der Schlüssel für die Zusammenarbeit«, sagt Lamvik. Beim Stichwort »Data/Daten« geht es vor allem um das konstante Lernen – aus Daten, aus der Datenanalyse. »Teil des iterativen Prozesses ist es, Daten auszuwerten«, sagt Lamvik. »Auf diesem Weg haben wir viele großartige Ideen gefunden.« Bei »Insight/Einsicht« geht es auch darum, schneller zu lernen und zu erkennen, dass es entscheidend ist, was der Kunde will, welche Bedürfnisse dieser hat. Mit »Believe« wird der Glaube an neue Ideen beschrieben und der Glaube daran, dass Iteration und Geschwindigkeit wichtig sind. Und mit »Bets« sind die Wetten auf die Zukunft gemeint, die das Unternehmen von heute in eine neue und eine nächste Realität tragen werden. Letztlich geht es bei den »Bets« um die Ausformulierung von langfristigen Zielen.

Die DIBBs sind das wichtigste und zentrale Steuerungsinstrument bei *Spotify*. Sie sind in einem radikal transparenten System allen Mitarbeiter*innen weltweit zugänglich. Gleichzeitig pflegt jede/r seine eigenen DIBBs und richtet diese an den DIBBs seines relevanten Umfeldes aus.

Aber das eigentliche Fundament guter Führung ist Vertrauen. Und Führen heißt vor allem Vertrauen: Vertrauen, dass die Aufgaben erfüllt werden, Vertrauen, dass sich alle mit den Zielen identifizieren, Vertrauen, dass jeder sein Bestes geben will. »Hier arbeitet kein CEO, der sagt: ›My way ist the highway‹«, sagt Lamvik. Hier hat jeder die Chance, sich einzubringen. »Vertrauen ist die Basis für Kreativität«, bestätigt Kleinsorge, »auch wenn ein vertrauensvolles Umfeld vielleicht aufwendiger ist, aber langfristig zahlt es sich aus.« Auch deshalb sind die beiden so lange bei *Spotify* geblieben.

3.4 Rasant ins Digital Age

3.4.1 Keine App beim Sommermärchen

Wem ist heute bewusst, dass es damals – 2006, als die FIFA-Fußball-WM in Deutschland als das »Sommermärchen« gefeiert wurde – keine App gab, in der man Ergebnisse nachschauen konnte? Ja, es gab nicht mal ein iPhone. Und das ist noch gar nicht so lange.

Es ist davon auszugehen, dass die Entwicklung in diesem Tempo weitergehen wird. Experten schätzen, dass in zehn Jahren Rechner die Leistungsfähigkeit des menschlichen Gehirns erreichen werden. Wenn man Analysten, Wissenschaftlern und perspektivisch denkenden IT-Verantwortlichen glauben darf, stehen Unternehmen und Gesellschaft vor einem gewaltigen Umbruch. »Digitalisierung«, »Internet der Dinge« und »Industrie 4.0« lauten die Schlüsselbegriffe, die bei Weitem nicht nur die IT-Industrie beschäftigen, sondern alle Branchen.

Getrieben wird die Entwicklung vor allem von drei Strängen:

1. die Ubiquität intelligenter, mit dem Internet verbundener Devices und Sensoren
2. die zunehmende Zentrierung der Unternehmen auf Kundenprozesse
3. die Digitalisierung von Produkten und Services – zumindest deren Bestellung oder Auslieferung

Im kommenden Jahrzehnt werden 150 Milliarden Gegenstände im Internet der Dinge verknüpft sein. Wir bewegen uns also hin zu einer noch stärker vernetzten Welt mit immer mehr Abhängigkeiten. Es ist damit zu rechnen, dass die Komplexität der Gesellschaft sogar noch schneller wächst als die Rechenleistung der Supercomputer. Von Organisationen wird diese Komplexität sowohl hervorgebracht als auch bearbeitet. Diesen Kontext und vor allem das Phänomen der Vernetzung meinen wir, wenn wir von einem *Digital Age* sprechen.

Der Beginn eines neuen Zeitalters ruft in der Regel zwei Reaktionen bei Menschen hervor: Zum einen die Furcht der Menschen, die Verhältnisse würden sich verschlechtern – die Angst, die eigene Arbeit, die mühsam erkämpfte Arbeitsstelle fiele weg, die Angst, ihnen würde durch eine technologische Revolution die Existenzgrundlage entzogen. Das war bei der industriellen Revolution im 19. Jahrhundert so, das zeigte sich in der Mitte des 20. Jahrhunderts beim Wandel hin zu mehr Dienstleistung, mehr Büroarbeit und mehr Arbeit am Computer, das erleben wir beim Einsatz von Robotik und das erleben wir heute, bei der zunehmenden Digitalisierung von Prozessen und Tätigkeiten. Die andere Reaktion ist die, dass jetzt endlich alles besser, anders werden wird und dass die anderen es einfach nur noch nicht verstanden haben.

3.4.2 Jobs, die wir heute noch nicht kennen

Tatsächlich haben sich als Resultat der vergangenen Umwälzungen sowohl die Lebens- als auch die Arbeitsbedingungen stark verbessert. Und die Arbeit ist der Menschheit auch nicht ausgegangen. Vermutlich werden wir im Digital Age einen vergleichbaren Wandel erleben. Das Problem ist: Wir können es noch nicht absehen. Und dadurch entsteht eben diese Angst. Wir wissen nicht, wohin das alles führt. Aber genau darin liegt die Chance. Die Studie »The Future of Jobs« des *World Economic Forums* (2018) geht davon aus, dass 65 Prozent der heutigen Grundschulkinder in Berufen arbeiten werden, die wir heute noch gar nicht kennen. Und das klingt ja nicht nach einer fernen Utopie. Wer kannte vor wenigen Jahren Berufe wie Data Scientist, Data Analyst oder einen Begriff wie »Cloud-Working«? Das sind heute absolut gängige Bezeichnungen und begehrte Berufe. Vor wenigen Jahren klangen sie noch wie Titel einer Weltraum-Saga.

Das zweite Phänomen: Menschen, die Chancen erkannt haben, die bereit waren, vieles hinter sich zu lassen, selbst wenn sie anfangs dafür verlacht wurden, haben maximal vom Wandel profitiert.

Ob es nun Marc Zuckerberg war, der von der Harvard-Universität geflogen ist und anfangs nur ein harmloses Studentennetzwerk aufbauen wollte, um Mädchen kennenzulernen, aus dem sich dann später (und unfassbar schnell) der Weltkonzern *Facebook* entwickelte. Oder ob es die Flug- und Autopioniere der Jahrhundertwende waren – die eigentliche Entwicklung hat sich damals nicht abgezeichnet. Aber die unbeirrbaren Pioniere sind einfach weitergegangen, haben sich von Rückschlägen nicht entmutigen lassen, haben daraus gelernt und haben darauf vertraut, dass nichts bleibt, wie es ist, bzw. dass wenig bleibt, wie es ist. Und schon damals wurde ein hohes Tempo angeschlagen.

3.4.3 Wackeln wie Lilienthal

Von Otto Lilienthals ersten Flugversuchen bis zum Start des ersten Überschallflugzeugs, der *Concorde*, vergingen nur 60 Jahre. Vergleichsweise wenig in der Menschheitsgeschichte. Das sollte man sich daher immer vor Augen führen: Vom ungelenken Wackeln mit beweglichen Holzflügeln bis zum 3,5-Stunden-Flug von Toulouse nach New York vergingen nur wenige Jahrzehnte.

Und wir erwarten, dass wir in den nächsten Jahren noch rasantere Entwicklungszyklen erleben werden. Der Blick nach China und wie vehement dort das Thema künstliche Intelligenz vorangetrieben wird, ist Beweis genug. Das gibt einem eher das Gefühl, dass wir hier noch wackeln wie Lilienthal.

Damit wären wir wieder bei unserem Ausgangspunkt: Die Technologie ist da, sie entwickelt sich rasch, vieles ist möglich, gerade im Hinblick auf Themen wie künstliche Intelligenz, Flugdrohnen oder autonomes Fahren. Doch nicht wenige gehen davon aus, dass sie selbst das nicht betrifft.

Der bereits weiter oben erwähnte Soziologe Dirk Baecker beschäftigt sich seit Jahren mit Fragen der nächsten Gesellschaft. Die nächste Gesellschaft unterscheidet sich von der modernen Gesellschaft wie die Elektrizität von der Mechanik (Baecker 2018). Wo der Buchdruck noch auf Verbreitung gesetzt hat, rechnen Computer mit

Resonanzen (ebd.). Die Konsequenzen, die dies für Führung und Organisation haben wird, sind in ihren Grundzügen bereits zu erahnen. In den Organisationen, die wir aktuell begleiten, treffen wir allerdings auf deutlich mehr Fragezeichen als Antworten.

Führungskräfte-Coach Vanessa Schmoranzer sieht viel Bedarf bei der Entwicklung von modernen Führungskräften. Warum sie es dennoch für keine gute Lösung hält, sich einfach nur an hippen Start-ups zu orientieren, erläutert Vanessa Schmoranzer im Interview.

Interview mit Vanessa Schmoranzer, Executive Coach, Berlin

»Trendige Konzepte allein funktionieren nicht.«

Der Weg zu Vanessa Schmoranzer ist nicht weit. Wir wohnen in derselben Straße in Berlin, wir sind nahezu gleich alt, haben einen sehr ähnlichen Job – und kannten uns bisher nicht. Ein Bekannter aus unserem Netzwerk hat den Kontakt hergestellt, und im Gespräch haben wir eine Reihe Übereinstimmungen in beruflichen Fragen, in Fragen zu Führung und Zusammenarbeit festgestellt. Vanessa Schmoranzer begleitet und berät auch seit Langem Führungskräfte und hat dabei einen eigenen Stil entwickelt, der sich nicht von Trends und Moden blenden lässt, sondern sehr echt, sehr authentisch und mit klaren Worten Führungskräfte unterstützt. Denn letztendlich kommt es auf den einzelnen Menschen, auf individuelle menschliche Fähigkeiten an.

In deiner Arbeit hast du sehr viel mit Führungskräften zu tun. Was ändert sich gerade beim Thema Führung, wie wird Führung künftig definiert – und gibt es so etwas wie ein Patentrezept für Führung?
Vanessa Schmoranzer: Führung ist ein sehr spannendes Feld. Was ist Führung? Was ist Sinn und Zweck? Man führt Menschen, Themen, Prozesse, es gibt Führungsphilosophien, Führungsmethoden sowie unterschiedliche Führungspersönlichkeiten usw. Aber dass Führung und die Bedeutung von Führung vor Veränderungen stehen, wird in den letzten Jahren immer deutlicher. Ein allgemeingültiges Rezept für Führung zu geben könnte schwierig werden. Das Thema

ist dafür zu vielschichtig und komplex. Man kann aber von neuen Aspekten sprechen, die im Kontext von Führung immer mehr Bedeutung bekommen.

Fundament für erfolgreiche Führung im Zeitalter von zunehmender Volatilität und Unsicherheit, Komplexität, Mehrdeutigkeit (VUCA) und sich verändernden Rahmenbedingungen ist aus meiner Sicht eine individuelle, fließende Definition von Führung und ein kontextuelles, differenziertes und reflektiertes (Führungs-) Verhalten. Führungsansätze sollten sich neuen Situationen anpassen und kontinuierlich weiterentwickeln können. Es geht nicht mehr um einzelne Personen in einfachen kausalen Zusammenhängen, um die Bewertung von richtig und falsch oder wer bestimmt über wen und was. Es geht bei Führung um hochkomplexe, unübersichtliche Kommunikationsnetzwerke und lernende (Organisations-)Systeme sowie emotionale, menschliche Interaktionen. In naher Zukunft geht es nicht mehr nur um Mensch-zu-Mensch-Kommunikation, sondern auch um Mensch-Maschine-Interaktion. Was bedeutet Führung dann? Was ist Sinn und Zweck, was das Ziel, wie wird Führung gelebt?

Antworten darauf zu finden und Orientierung zu geben ist wichtig für den Erfolg in der Zukunft – vielleicht sogar für das Überleben von Unternehmen. Erster Schritt und meine Empfehlung für alle – egal in welcher Rolle oder auf welcher Ebene – wäre, das Thema Leadership und Führung, Kultur und Kommunikation als Disziplin noch stärker in der Organisation zu verankern und Menschen darin aktiv zu begleiten und zu befähigen. Führung ist nicht mehr eine privilegierte Disziplin weniger, sondern eine fundamentale Fähigkeit, die alle erlernen sollten.

Diese sehr individuelle Führung, von der du sprichst – gelingt das schon? Gibt es bereits Führungskräfte, die sich umgestellt haben, die neue Wege gehen?
Vanessa Schmoranzer: Ich habe Einblick in diverse Unternehmensformen und alle Ebenen und ich würde sagen, es gibt durchaus noch Entwicklungsbedarf. Unternehmen, die sich systematisch mit Führung beschäftigen, widmen sich dem Thema proaktiv und arbeiten bereits an neuen Konzepten, die sich dann auch auf die Organisationsstruktur auswirken. Es braucht neue Führungsdefinitionen, Strategien und Methoden auf der Organisationsebene und Persönlichkeiten und Fähigkeiten wie emotionale Intelligenz, geistige und menschliche Reife auf der personellen Ebene. Denkt man das Thema ganzheitlich, sollte jeder, der

Teil einer Organisation ist, neue Fähigkeiten lernen – nicht nur einige wenige im Management. Es wäre schön, wenn Bedeutung und Tragweite von Führung mehr bewusst und weniger dem Zufall überlassen wären. Unsere Aufgabe als Leadership-Coaches ist es, diesen Weg zu begleiten und Organisation und Menschen dabei zu unterstützen, diese Fähigkeiten zu entwickeln.

Was hältst du von den innovativen Führungskonzepten, die von Start-ups gelebt werden?
Vanessa Schmoranzer: Interessante Frage. Unternehmen scheinen neuerdings zu glauben, Hierarchie zugunsten von Autonomie und Demokratie ersetzen zu müssen, weil man das jetzt so macht und die hippen Start-ups ja so arbeiten. Hierarchiearmes und pseudodemokratisches Denken und Handeln führen leider oft zu Entscheidungsvakuum, Stillstand und menschlicher Frustration – und das Gegenteil soll ja eigentlich der Fall sein. Ich sehe Hypes rund um »No/Flat Hierarchy« und »Democracy« äußerst kritisch und halte jegliche Buzzwords, Pauschalisierung und blinde Implementierung sogar für sehr gefährlich. Die Sinnhaftigkeit neuer Ansätze wird vor lauter »Hippness« außer Acht gelassen und in den meisten Fällen fehlen notwendige Differenzierung und Kontextualisierung. Ich berate Unternehmen auch in Unternehmensstrategie, Innovation und Transformation, und tatsächlich braucht es für jedes Unternehmen und jede Organisation eine eigene, maßgeschneiderte Philosophie, Strategie und kontinuierliche Weiterentwicklung von Führung. Start-up-Kultur ist weniger ein Patentrezept, auf das ich setzen würde. Sie hat auch ihre Schwächen.

Wenn man nun Buzzwords und das Kopieren von Konzepten vermeiden will – was gibst du einer Führungskraft mit auf dem Weg? Hast du so etwas wie ein Motto, einen Leitspruch für deine Vorstellung von Führung?
Vanessa Schmoranzer: Wie wäre es mit »Fluid Leadership«: beweglich, kontextuell, reflektierend und adaptierend. Ich habe kein allgemeingültiges Rezept, aber vielleicht ein paar Basiszutaten und Tipps:

1. **Think big and contextual:** Betrachte das große Ganze und sieh und verstehe, so gut es geht, Rahmenbedingungen und Zusammenhänge.
2. **Pay attention to detail:** Achte auf Details und auf vermeintlich unwesentliche Befindlichkeiten und Bedürfnisse, hier liegt oft Potenzial für Veränderung.

3. **Differentiate as much as you can:** Betrachte Themen aus unterschiedlichen Perspektiven und sei durchaus kritisch, das hilft, Bias zu minimieren.
4. **Reflect yourself:** Spiegle eigene Sicht- und Verhaltensweisen, das hilft beim Identifizieren von unbewussten Mustern und Dogmen.
5. **Be aware of the Hype-Trap:** Nicht jeder neue, moderne Ansatz ist sinnvoll und nützlich – finde eigene Konzepte, die zu Vision, Strategie und Kontext passen.
6. **Democratise Leadership:** Fähigkeiten moderner Führung/Interaktion sollte jeder beherrschen – nicht nur einige wenige. Diese Skills können erlernt und zu einem wichtigen Teil der (Unternehmens-)Kultur werden.
7. **Act human-centric:** Letztendlich geht es immer um Menschen – das sind diese hochkomplexen, emotionalen und manchmal irrationalen, aber liebenswürdigen Wesen, die sich niemals so verhalten, wie es Theorie oder Strategie gerne hätten.

Zu ähnlichen Schlüssen wie jenen, die Vanessa Schmoranzer aus ihrer Arbeit mit Führungskräften in Berlin zieht, kommt auch das aktuelle Whitepaper zum Thema HR4.0 des *World Economic Forum* auf globaler Ebene (WEF 2019). In einer Welt, in der Organisationen zu einem Hub für selbstorganisierte, vernetzt arbeitende Teams werden, wird die Fähigkeit der Führung, sich diesen neuen Umgebungen anzupassen, zu einer Grundvoraussetzung (WEF 2019: 11). Das Führungsmodell der Zukunft wird hier beschrieben als eines, das responsiv und agil ist. Die Kultur der Organisation sowie die Menschen, die in der Organisation arbeiten, werden als Dreh- und Angelpunkt des Führungshandelns betrachtet.

4 Collaborative Leadership

Auf dem Rückflug aus San Francisco, irgendwo hoch oben über dem Nordatlantik, werfen wir unsere Hypothesen über das, was wir gehört und gesehen haben, zusammen. Was für eine Führung braucht es im digitalen Zeitalter? Welche Kompetenzen und Fähigkeiten zeichnen wirksame Führung aus? Wie findet, hält und entwickelt man die Mitarbeiter*innen, die zu der eigenen Organisation passen? Wie kommt das Neue in die Unternehmen? Und nicht zuletzt: Wie hält man das alles bei zunehmender Spannung zusammen?

Unsere Beobachtungen und Hypothesen teilen wir mit diversen Experten, Gesprächs- und Interviewpartnern, mit Führungskräften in etablierten Unternehmen ebenso wie mit den Start-ups, mit denen wir in Berlin zusammenarbeiten. Wir sprechen mit Professoren, mit Unternehmern, mit Freigeistern und Verwaltern. Wir sprechen mit Teilzeit-Führungskräften und mit solchen, für die eine 60-Stunden-Woche die Normalität ist. Mit Frauen und Männern, mit unter 30- und über 60-Jährigen. All diesen Unterschieden zum Trotz ergibt sich für uns ein schlüssiges Bild, das wir zu einem Führungsmodell ausarbeiten und an vielen Stellen erproben und veröffentlichen (Glatzel/Lieckweg 2016; Glatzel/Lieckweg 2018a, Glatzel/Lieckweg 2018b).

4.1 Was wir unter »Collaborative Leadership« verstehen

Wir haben den Begriff »Collaborative Leadership« gewählt, weil er zusammenfasst, was viele unserer Kunden und Gesprächspartner beschreiben. Ein Verständnis von Führung, das auf Kollaboration setzt, geht weg vom Erfolg des Einzelnen und hin zum Erfolg des Teams oder der Community. Unter den Bedingungen von Komplexität ist Führung nur als Mannschaftsleistung oder als Systemfunktion zu verstehen. Denn ein Einzelner kann die vielen Perspektiven, die notwendig sind, um komplexe Situationen zu bearbeiten, nicht einnehmen. Dies hat gerade auch Francesca Gino, Professorin an der *Harvard Business School*, in einem neuen Artikel in der *Harvard Business Review* gut beschrieben (Gino 2019). Unter dem Titel »Cracking the code of sustained collaboration« beschreibt sie sechs Verhaltensweisen, die Führungskräfte vermitteln sollten, damit Zusammenarbeit entsteht. Unsere Perspektive ist eine umgekehrte: Was sollten Führungskräfte in ihrem Verhalten in den Vordergrund stellen, damit ein Collaborative Leadership gelingt?

Experten, Kreative, Entscheider, Manager und Führungskräfte können wirksam werden, indem sie die Chancen der Komplexität nutzen und einen Beitrag zur Entstehung eines neuen Ganzen leisten. Es geht um die Ausgestaltung von vier Dimensionen, die Collaborative Leadership ausmachen, nämlich Contribution, Creativity, Consent und Communication.

! **Contribution**

Die Frage nach dem Sinn der eigenen Arbeit, nach dem Beitrag, den man selbst zum großen Ganzen leistet, steht heute für viele Menschen nicht nur aus der jüngeren Generation an erster Stelle. Führung sorgt dafür, dass der Purpose klar ist und die Leistung jedes Einzelnen zum Ganzen beiträgt – und nicht nur Selbstzweck ist.
Eine Führungskraft muss daher

- die Vision mit dem Beitrag des Einzelnen verbinden (purpose-driven),
- Formate zur Beteiligung schaffen,
- Verantwortung übernehmen und
- die Balance zwischen dem Beitrag des Einzelnen und dem großen Ganzen finden.

! **Creativity**

Es geht um die Ermöglichung und produktive Nutzung von Feedback, um das Wissen der Vielen und um das Erkennen von Chancen und Möglichkeiten der Zusammenarbeit. Es geht aber auch darum, eine Kultur der Auseinandersetzung zu schaffen und dafür zu nutzen,

dass Neues entstehen kann. Ein Ausprobieren, zu dem auch ein mögliches Scheitern gehört, ist in dieser Kultur fester Bestandteil.
Und das muss eine Führungskraft initiieren:

- Feedback nutzen
- Fehlerkultur und Prototyping etablieren
- Teamwork anregen
- das Wissen der Vielen als Ressource sehen

Consent !

Es geht um die Auseinandersetzung um die beste Idee, das beste Argument und die besten Belege für das Argument. Es geht darum, aus verschiedenen Perspektiven eine gemeinsame dritte Position zu finden, die tragfähig ist. Daraus entstehen neue Ideen, neue Produkte, neue Ansätze. Aber es braucht eine Kultur der Auseinandersetzung und nicht eine Kultur der Kompromisse. Diese Kultur der Auseinandersetzung ist es, die ein anderes Entscheidungsverhalten befördert. Wenn das beste Argument zählt, verschiedene Perspektiven integriert werden, dann braucht es auch für das Treffen von Entscheidungen einen anderen Prozess. Das gilt selbstverständlich nicht für jede Entscheidung in jeder Situation, aber als Grundmuster ist es fester Bestandteil eines Collaborative Leadership.
Folgendes muss daher von einer Führungskraft umgesetzt und ermöglicht werden:

- eine Kultur der Auseinandersetzung etablieren
- gemeinsames Entscheidungsverständnis schaffen
- Selbstorganisation fördern
- Vertrauenskultur leben

Communication !

Communication oder besser: Organizational Communication ist persönlich und direkt, die Führungskräfte sprechen *mit* den Mitarbeiterinnen und Mitarbeitern und nicht *zu* ihnen, die Mitarbeiterinnen und Mitarbeiter nehmen aktiv teil an der Gesamtkommunikation und es gibt eine klare und bekannte Kommunikationsagenda.
Wichtige Kommunikationsaufgaben im Sinne moderner Führung sind daher:

- Kommunikation der Organisation gestalten
- Face-to-Face- und digitale Tools vereinbaren
- sich aktiv als ganze Person einbringen
- soziale Netzwerke aufbauen und gestalten

Es gibt nur einen Weg: Ihren eigenen

Die 4 C bilden den Orientierungsrahmen und die Hintergrundlandkarte für die Weiterentwicklung Ihres Führungssystems. Dabei wird die Form, die Collaborative Leadership in Ihrem Unternehmen annimmt, einen komplett individuellen Zuschnitt haben. Denn Führung und Organisation sind zwei Seiten einer Medaille. Das heißt, die Führung, die für Ihre Organisation die richtige und wirksamste ist, wird in anderen Organisationen möglicherweise nicht greifen. Umgekehrt heißt das eben auch, dass wir die vielen zitierten Erfolgsmodelle – wir denken hier beispielsweise an das berühmte »*Spotify*-Modell« oder an »How Google Works« (Schmidt/Rosenberg 2014) – nicht einfach übernehmen können. Wir können uns davon inspirieren lassen, aber eine Blaupause ergibt sich daraus nicht. Deshalb nehmen wir Sie im folgenden Kapitel mit in die Collaborative Leadership Experience – und zeigen Ihnen, wie Sie die 4 C zu Ihren eigenen machen können.

4.2 Wie Collaborative Leadership in Organisationen umgesetzt wird

Sie wollen einen Wandel. Das klingt erst einmal gut. »Wandel« hat einen sehr positiven Klang, impliziert der Begriff doch, dass es besser wird. Und »Wandel« hat auch nicht den harten Klang von »Veränderung«. Wandel ist fließender, weicher, vorstellbarer.

Und doch: Wandel ist hart. Das schafft kein Unternehmen von heute auf morgen. Das sind lange Prozesse, oft mit Einschnitten verbunden, in denen vieles von Grund auf infrage gestellt wird. Umso wichtiger ist ein methodischer Ansatz, bei dessen Umsetzung man klaren Regeln folgt. Denn nur zu sagen »Wir wissen, wie es besser geht, macht euch mal locker« – das reicht nicht.

Menschen wollen eine Form von Anleitung, den Hauch einer mathematischen Gleichung wie: Wenn wir A machen, dann ergibt sich B, und wenn dann noch C hinzukommt, werden sich unsere Zusammenarbeit und unsere Produktivität verbessern. Also: Klare Linie und keine Heilsversprechen.

Wir beginnen daher immer mit einer gründlichen Untersuchung. Diese Analyse kann bei der Organisation ansetzen. Wir führen dann Interviews mit Mitarbeiter*innen und Teams, schauen uns die Zusammenarbeit an, befragen eine ausgewählte Gruppe oder eine breite Stichprobe – je nachdem, was die Organisation braucht und was der Anlass des Wandels ist. Gleichzeitig setzen wir aber auch bei der Führungskraft und dem Führungsteam selbst an, mit einer Reflexion ihrer eigenen Haltung und Verhaltensweisen.

Uns geht es eben in erster Linie nicht darum, unsere eigene Vorstellung oder unsere »5 Schritte zur neuen Führung« zu implementieren. Entscheidend ist zunächst, dass jeder selbst einen Eindruck von sich bekommt, dass sich jeder einer Selbsteinschätzung unterzieht. Denn es ist wie so oft: Der eigene Blick ist nicht neutral, man wähnt sich schon weiter, als man ist, glaubt, viele Begriffe zu kennen, auch wenn man nicht genau weiß, was sich dahinter verbirgt. Viele haben von »Design Thinking« gehört, kennen verschiedene Kommunikationskanäle, und doch ist ihnen die Anwendung nicht vertraut.

4.2.1 Mindset

Wir starten mit einer möglichst präzisen Selbsteinschätzung. Das hilft uns, weil wir dadurch ein Verständnis des Kundenproblems bekommen. Das hilft aber auch den Kunden, den Unternehmerinnen und Unternehmern, den Managerinnen und Managern. Diese Kurzanalyse ist oft schon ein entscheidender Schritt hin zur Veränderung. Die Fragen lösen bereits im Kopf Blockaden auf. Und sie helfen uns, einen Eindruck zu bekommen, wie sich die Menschen im Kontext ihrer Unternehmen sehen. Die Frage »Sprechen Sie *zu* Ihren Mitarbeitern oder sprechen Sie *mit* Ihren Mitarbeitern?« spricht einen Unterschied an, der vielen erst mit der Frage bewusst wird.

Wir setzen bei der Bestandsaufnahme unseren Fragebogen (siehe Kapitel 4.3.1) als Instrument ein, das den Wandel in Gang bringen soll. Beim Ausfüllen stellen die Befragten oft fest, dass sie sich über vieles noch gar keine Gedanken gemacht haben. Auf der anderen Seite kann der Fragebogen ihnen auch zeigen, wie tief sie bereits im Thema sind.

4.2.2 Selbstführung

In einer Zeit, in der im Zuge der digitalen Transformation der Veränderungsdruck auf Unternehmen immens ist und sich die Anforderungen an die Kompetenzen eines jeden Einzelnen rasant verändern, wird es zunehmend wichtig, einen guten Zugang zu sich selbst zu haben. Wir beobachten bei Führungskräften und Mitarbeitern in Unternehmen Orientierungslosigkeit, Überforderung und Ohnmacht auf der einen Seite – wachsende Freiräume, Eigenverantwortung und Mitgestaltung auf der anderen Seite. Beide Seiten machen es erforderlich, dass Menschen in Organisationen heute eine Kernkompetenz entwickeln: die Kernkompetenz der Selbstführung. Mit »Selbstführung« meinen wir die Kompetenz, sich selbst immer wieder aufs Neue zu fokussieren. Sich auf das Wesentliche zu konzentrieren, in Entscheidungssituationen herauszufinden, was essenziell ist. Diese Kernkompetenz ist heute besonders wichtig, da Organisationen auf selbstständige und eigenverantwortlich arbeitende Menschen angewiesen sind – darauf, dass die Menschen in den Organisationen diese mitgestalten. Dabei ist es zunächst einmal unerheblich, ob ich CEO bin, eine Abteilung oder ein Team leite, ob ich Expertin in der IT für ein bestimmtes Thema bin oder Sachbearbeiter in der Verwaltung. Nur über eine hohe Selbstführungskompetenz lässt sich die Komplexität bearbeiten.

4.3 Wie führen Sie?

Machen Sie sich ein Bild von sich selbst! Unser Fragebogen (s. u.) erlaubt Ihnen eine Einschätzung dazu, wie gut Sie als Führungskraft die vier Dimensionen von Collaborative Leadership heute bereits versorgen. Das Zusammenspiel dieser 4 C ermöglicht eine wirksame Führung auch unter den Bedingungen von digitaler Transformation und zunehmender Komplexität.

Mit dem Fragebogen verschaffen Sie sich ein Bild vom Ist-Zustand und davon, wo Sie in der Selbstführung noch Luft nach oben haben. Die zunehmende Automatisierung und die digitale Transformation erfordern ein verändertes Führungsverhalten. Die neuen Anforderungen lassen sich als eine Veränderung hin zu mehr Kooperation, mehr Verständigung, mehr Abstimmung, mehr Einbeziehung sowie mehr Vermittlung verstehen. Als Führungskraft wird es zunehmend wichtig, eine Vision der Veränderung vermitteln zu können – und diese mit positiver Energie in die Organisationen hineinzutragen.

Das Selbstverständnis von Führungskräften, die auf »Collaboration« setzen, geht weg vom Erfolg des Einzelnen und hin zum Erfolg des Teams oder der Community. Unter Bedingungen von Komplexität ist Führung nur als Mannschaftsleistung und als Systemfunktion zu verstehen. Denn ein Einzelner kann die vielen Perspektiven nicht im Blick behalten, die zur Bewältigung komplexer Situationen erforderlich sind. Collaborative Leadership zu leben heißt, die Bedingungen des Arbeitens so auszugestalten, dass Experten, Kreative, Entscheider, Manager und Führungskräfte so wirksam werden können, dass sie die Chancen der Komplexität nutzen und einen Beitrag zur Entstehung eines neuen Ganzen leisten können.

Die Selbstführungskompetenz ist in der Mitte der 4 C verankert. Hierbei ist die hinter den 4 C liegende Fähigkeit gefragt, einen guten Zugang zu sich selbst zu haben, ein Gespür dafür, wie ich aufgestellt bin und wie es um meinen Fokus bestellt ist. Werde ich in meinem Führungshandeln wirksam? Was kann ich tun, um meine Wirksamkeit weiter zu stärken?

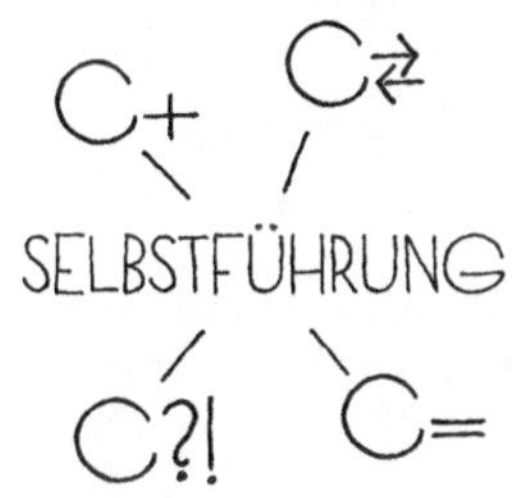

4.3.1 Schätzen Sie sich selbst ein!

Machen Sie sich ein Bild von sich selbst.

Selbsteinschätzung »Collaborative Leadership«
Im Folgenden finden Sie Aussagen bezüglich Ihres Führungsverhaltens im Hinblick auf Collaborative Leadership.

Bitte versetzen Sie sich gedanklich in Ihr alltägliches Führungshandeln und bewerten Sie in diesem beruflichen Kontext aus der Führungsrolle heraus die unterschiedlichen Aussagen. Diese beziehen sich auf Ihr Führungsverhalten im Team, mit

Kolleginnen und Kollegen, mit Kunden sowie allgemein auf Ihr Verhalten im Organisationskontext.

Bitte bewerten Sie jede Aussage und ihre derzeitige Ausprägung in Ihrem Führungsverhalten auf einer 5-stufigen Skala:
überhaupt nicht zutreffend = ①
kaum zutreffend = ②
etwas zutreffend = ③
überwiegend zutreffend = ④
voll zutreffend = ⑤

Wie zutreffend ist diese Aussage für mich in meinem derzeitigen Führungskontext?

1. Ich etabliere in meinem Team kreative Methoden wie z. B. Design Thinking.	①②③④⑤
2. Ich kann mehrdeutige Situationen aushalten und versuche, die darin enthaltenen Chancen für eine gemeinsame Lösung zu sehen und zu vermitteln.	①②③④⑤
3. Jede/r in meinem Team weiß, welche Verantwortung er/sie übernehmen muss.	①②③④⑤
4. Ich kommuniziere persönlich und direkt.	①②③④⑤
5. Ich befördere in meinem Team eine Kultur der Auseinandersetzung.	①②③④⑤
6. Regelmäßig unternehme ich mit meinem Team Exkursionen oder Ausflüge zur Anregung des kreativen Potenzials.	①②③④⑤
7. In meinem Team gewinnen die Ideen und Argumente.	①②③④⑤
8. Wenn ich Informationen weitergebe (an mein Team, an meine Kollegen), gehe ich in einen Dialog.	①②③④⑤
9. Jede/r in unserem Team weiß, welchen Beitrag sie oder er zum Gesamtergebnis des Unternehmens leistet.	①②③④⑤
10. Bei uns im Team wird Tacheles geredet.	①②③④⑤
11. Ich spreche mit meinen Mitarbeitern direkt und persönlich – und nicht zu ihnen.	①②③④⑤

12. Ich ermutige mein Team, etablierte Prozesse und Vorgehensweisen ständig zu hinterfragen.	①②③④⑤
13. Die für die tägliche Arbeit relevanten Informationen sind für mein Team transparent.	①②③④⑤
14. Ich bin mit schnellen Kompromissen nicht zufrieden.	①②③④⑤
15. Wenn ich Aufgaben delegiere, mache ich die Zusammenhänge zu anderen Prozessen deutlich.	①②③④⑤
16. Ich beziehe bewusst mein Team in Entscheidungsprozesse ein.	①②③④⑤
17. Ich nutze unterschiedliche Medien und Formate, um Informationen weiterzugeben.	①②③④⑤
18. Wir passen unsere Prozesse im Team schnell den sich verändernden Anforderungen an.	①②③④⑤
19. Bei Entscheidungen (im Team, im Unternehmen) hat unser Purpose stets Vorrang vor einem möglichen Geschäftserfolg.	①②③④⑤
20. Mir sind rege Diskussionen in Entscheidungsprozessen wichtig.	①②③④⑤
21. Für mich und mein Team ist es selbstverständlich, ständig auf der Suche nach etwas Neuem zu sein.	①②③④⑤
22. Es ist mir ein Anliegen, die Kommunikation im Team zu stärken.	①②③④⑤
23. Wenn ich in einer Diskussion (mit meinen Mitarbeitern, mit meinen Kollegen etc.) überzeugt werde, ändere ich gerne meine Meinung.	①②③④⑤
24. Jede/r in meinem Team kennt unseren Purpose.	①②③④⑤
25. Ich lade gerne verschiedene Personen (auch von außerhalb) zur Diskussion unserer Produkte / unserer Dienstleistungen ein.	①②③④⑤
26. Fehler werden in meinem Team nicht als Scheitern bewertet.	①②③④⑤
27. Für unser Unternehmen ist Purpose wichtiger als Profit.	①②③④⑤
28. Wir nutzen in meinem Team eine Collaboration-Software (wie z. B. *Teams*, *Slack*, *Yammer*).	①②③④⑤
29. Ich hinterfrage und ändere – wenn notwendig – bestehende Prozesse regelmäßig.	①②③④⑤
30. Alles, was wir tun, zahlt auf die Vision unserer Gesamtorganisation / unseres Unternehmens insgesamt ein.	①②③④⑤

31. Ich lade meine Mitarbeiter regelmäßig zu offenem Feedback und Kritik ein.	①②③④⑤
32. Ich etabliere in meinem Team und mit meinen Kollegen eine Kultur, in der Lernen und Ausprobieren möglich wird.	①②③④⑤
33. Wir sind als Team über eine Social-Media-Plattform vernetzt.	①②③④⑤
34. Bei Delegation von Aufgaben achte ich darauf zu erläutern, welchen Beitrag sie zu unserem Erfolg leisten.	①②③④⑤
35. Mir ist es wichtig, eine nachhaltige Feedbackkultur im Team zu etablieren.	①②③④⑤
36. Ich lade mein Team regelmäßig zu überraschenden Experimenten ein (Design Experiments).	①②③④⑤
37. Wenn ich allein Entscheidungen treffe, mache ich diese transparent und begründe sie.	①②③④⑤
38. In regelmäßigen Abständen aktualisiere ich mit meinem Team unser gemeinsames Verständnis der Vision.	①②③④⑤
39. Ich bin täglich mit meinen Mitarbeitern und Kollegen im persönlichen Gespräch (Face-to-Face, Stand-up-Meeting, Frühstück, Gespräche auf dem Flur).	①②③④⑤
40. Den Mitarbeitern in meinem Team ist nicht nur klar, *was* wir machen und wie wir es machen, sondern auch *warum* wir es machen.	①②③④⑤
41. Ich gebe meinen Mitarbeitern Freiräume zum Ausprobieren.	①②③④⑤
42. Ich bin innerhalb und außerhalb der Organisation gut vernetzt.	①②③④⑤
43. Ich entwickle mit meinem Team regelmäßig unsere strategische Positionierung mit Bezug zur Unternehmensstrategie.	①②③④⑤
44. Ich verbringe viel Zeit in Interaktion mit unseren Kunden und Geschäftspartnern.	①②③④⑤
45. Ich spreche regelmäßig mit Kunden darüber, wie sich unser Produkt bzw. unsere Dienstleistung weiterentwickeln könnte.	①②③④⑤
46. Ich ändere meine Meinung und meine Position, wenn sich die Gegebenheiten ändern.	①②③④⑤
47. Ich ermutige die Mitglieder in meinem Team dazu, Verantwortung zu übernehmen.	①②③④⑤

48. Ich kann schnell Kontakt aufbauen.	①②③④⑤
49. Ich sorge dafür, dass die Mitarbeiter in meinem Team den Freiraum haben, an selbst gesteckten Themen zu arbeiten.	①②③④⑤
50. In regelmäßigen Abständen überprüfe ich die strategische Positionierung meines Verantwortungsbereichs.	①②③④⑤
51. Wir sind als Team in der Lage, in einem gemeinsamen Verabredungsprozess unsere Ausrichtung schnell zu verändern und neuen Gegebenheiten anzupassen.	①②③④⑤
52. Ich nutze zur Entwicklung von Ideen kreative Methoden (wie Brainstorming, Design Thinking, Mindmapping).	①②③④⑤
53. Ich kann mit unterschiedlichen Persönlichkeiten gut umgehen (Internationalität, Diversity).	①②③④⑤
54. Für mich steht der Beitrag, den wir als Unternehmen mit unserem Produkt / unserer Dienstleistung zum großen Ganzen leisten, stets im Vordergrund (Purpose Orientation).	①②③④⑤
55. Ich überprüfe regelmäßig die Kommunikationsformate in meinem Team.	①②③④⑤
56. Ich nutze gerne Gruppen oder Teilteams in unterschiedlicher Zusammensetzung, um gemeinsam neue Ideen zu entwickeln.	①②③④⑤
57. Ich überprüfe regelmäßig, welche Formen der Kommunikation im Team und mit unseren Kunden wirksam sind.	①②③④⑤
58. Ich setze die Rahmenbedingungen, die Selbstorganisation im Team ermöglichen.	①②③④⑤
59. In den Entscheidungsprozessen in meinem Team werden verschiedene Perspektiven in den Aushandlungsprozess einbezogen.	①②③④⑤
60. Ich freue mich, wenn die Ideen aus meinem Team kommen – und nicht von mir selbst.	①②③④⑤

Die in diesem Fragebogen verwendete männliche Form bezieht selbstverständlich die weibliche Form mit ein. Auf die Verwendung beider Geschlechtsformen wird lediglich mit Blick auf die bessere Lesbarkeit verzichtet. Der Fragebogen ist selbstverständlich geschlechtsneutral und wertfrei zu verstehen

Auswertung

Übertragen Sie bitte Ihre Bewertungszahlen für jede Aussage in die entsprechend nummerierten Felder der folgenden Auswertungsschlüssel.

Zählen Sie dann die Bewertungszahlen pro Dimension zusammen.

Creativity															
1	6	12	18	21	26	29	32	36	41	45	49	52	56	60	**Summe**
Contribution															
3	9	15	19	24	27	30	34	38	40	43	47	50	54	58	**Summe**
Consent															
2	5	7	10	14	16	20	23	25	31	35	37	46	51	59	**Summe**
Communication															
4	8	11	13	17	22	28	33	39	42	44	48	53	55	57	**Summe**

Um die bei Ihnen vorhandene Ausprägung der Dimensionen grafisch sichtbar zu machen, übertragen Sie nun die Summenwerte jeder Dimension als schraffierten Balken auf die nachstehenden Skalen.

Creativity	15 17 19 21 23 25 27 29 31 33 35 37 39 41 43 45	47 49 51 53 55 57 59	61 63 65 67 69 71 73 75
Contribution	15 17 19 21 23 25 27 29 31 33 35 37 39 41 43 45	47 49 51 53 55 57 59	61 63 65 67 69 71 73 75
Consent	15 17 19 21 23 25 27 29 31 33 35 37 39 41 43 45	47 49 51 53 55 57 59	61 63 65 67 69 71 73 75
Communication	15 17 19 21 23 25 27 29 31 33 35 37 39 41 43 45	47 49 51 53 55 57 59	61 63 65 67 69 71 73 75

Wenn bei einer Dimension **der Skalenwert 60** überschritten wird, ist davon auszugehen, dass dieses Führungsverhalten bei Ihnen sehr deutlich zu beobachten ist. Reflektieren Sie, in welchen Situationen (Führung und Zusammenarbeit) diese Dimension bei Ihnen beobachtbar wird und wie Sie hier wirksam werden.

Summenwerte zwischen **45 und 60** sind ein Hinweis darauf, dass diese Dimension in Ihrem Führungsverhalten bereits ausgeprägt vorkommt, es allerdings noch Entwicklungsmöglichkeiten gibt. Überlegen Sie, in welchen Führungssituationen Sie die weniger hoch eingeschätzten Verhaltensweisen ausbauen können – auch unter Nutzung der höher ausgeprägten Fertigkeiten.

Liegt ein Summenwert **unter 45**, ist davon auszugehen, dass diese Dimension noch nicht so stark in Ihrem Führungsverhalten etabliert ist. In diesem Fall gibt es noch vielfältige Entwicklungsmöglichkeiten. Reflektieren Sie, wie Sie sich in dieser Dimension weiterentwickeln können: In welchen Handlungsfeldern könnten Sie zuerst wirksame Veränderungen umsetzen?

4.3.2 Überraschend viele Einblicke

Sind Sie von Ihrem Ergebnis überrascht? Oder entspricht es womöglich dem, was Sie in etwa von sich erwartet hatten?

Unsere Erfahrung zeigt: Die meisten Anwender des Fragebogens hatten mit diesem oder einem sehr ähnlichen Ergebnis gerechnet. Meist haben wir ein ganz gutes Gespür für uns selbst, für unser Führungsverhalten. Und doch reflektieren wir es nur äußerst selten. Hier, in der Reflexionsmöglichkeit zur eigenen Handlung, zu Ihrem Mindset in der (Selbst-)Führung, liegt der eigentliche Mehrwert des Fragebogens. Bitte nehmen Sie sich an dieser Stelle noch ein paar Minuten Zeit für Ihre persönliche Reflexion. Wo sehen Sie Ihre Stärken und Entwicklungsfelder?

Persönliche Entwicklungsperspektiven
Auf der Grundlage Ihrer Selbsteinschätzung: Wo sehen Sie Ihre Stärken und Entwicklungsfelder?

Contribution	
Stärken	Entwicklungsfelder
Creativity	
Stärken	Entwicklungsfelder
Consent	
Stärken	Entwicklungsfelder
Communication	
Stärken	Entwicklungsfelder
Selbstführung	
Stärken	Entwicklungsfelder

Wir haben Ihnen gezeigt, welches die ersten Schritte sind, wie wir vorgehen, was wir für essenziell halten, bevor eine eigentliche Beratung beginnt. Es geht um Selbsteinschätzung, um Reflexion und um eine Visualisierung des Zustands von Führung und Zusammenarbeit. Stellen Sie sich die Wirkung vor, wenn Sie diesen Fragebogen nicht nur allein für sich ausfüllen, sondern dies in Ihrem Führungskreis tun – um anschließend in ein offenes Gespräch über das Ergebnis zu gehen. Stellen Sie sich die Wirkung vor, wenn Sie 150 Führungskräfte im Rahmen einer Managementkonferenz dazu einladen, dasselbe zu tun ... Der Impact kann gewaltig sein. Für die erneute

Verwendung oder zum Einsatz in Ihrem Team finden Sie diesen Fragebogen auch als Online-Version auf www.collaborative-leadership.net.

Wir vertrauen auf diese Instrumente, weil sie so viel mehr sind als das Abhaken von »Schritt 1, Schritt 2, Schritt 3 usw.«. Sie bilden das Fundament für die weitere Arbeit. Und vor allem »öffnen« sie die Organisationen.

Also: Damit wir wissen, wo wir in der Arbeit mit Ihrem Führungsteam oder Ihrer Organisation ansetzen können, brauchen wir eine offene und fundierte Selbsteinschätzung. In einer etwas formaleren Form der Analyse arbeiten wir auch, wie weiter oben angedeutet, mit Interviews und Datenerhebungen in den relevanten Unternehmensbereichen oder auf der Gesamtunternehmensebene.

Das ist die Basis und auch der feste Rahmen, um zunächst eine Standortbestimmung vorzunehmen und von dort aus das 4C-Modell umzusetzen und begreifbar zu machen. Ein Wandel kann nur einem festen Plan folgen – alles andere ist unseriös.

Die Frage, die Sie sich jetzt sicher stellen, ist: »Schön und gut, aber wie sieht das in der Praxis aus?« Dieser Frage werden wir uns nun widmen.

5 Das 4C-Modell

5.1 Contribution – sich als Teil eines Ganzen begreifen

5.1.1 Verantwortung steigert die Motivation

Die Frage nach dem Sinn der eigenen Arbeit, nach dem Beitrag, den man selbst zum großen Ganzen leistet, steht heute für viele der jüngeren Generation an erster Stelle. Dabei geht es um weit mehr als nur darum, einen Job zu haben, der die individuellen Bedürfnisse befriedigt. Es geht um das große Ganze, um die Welt, in der wir leben.

Die *Deloitte Trendstudie* von 2018 sieht in der »sozialen Organisation« den größten Trend der Zukunft in der Gestaltung von Unternehmen (Deloitte 2018). Maßgeblich beeinflusst wird dieser Trend von der Generation der Millennials – der heute 20–35-Jährigen–, für die das soziale und ökologische Verhalten ihres (zukünftigen) Arbeitgebers entscheidend ist. Sie fordern nicht nur ein gerechteres und sozialverträgliches Verhalten des Unternehmens, sondern hinterfragen auch die Kernprämissen von Unternehmertum. Kurzum: Sie definieren eine neue, prinzipiengetragene Unternehmenskultur. Dies ist laut der Studie auch damit begründet, dass die

Generation als politikverdrossen gilt und stattdessen von den Unternehmen eine aktive gesellschaftliche Rolle erwartet.

Deutsche Unternehmer erkennen diesen Trend laut der *Deloitte Trendstudie*: 77 % der Befragten halten soziales und gesellschaftliches Engagement für wichtig oder sogar sehr wichtig, 41 % der Befragten sehen die Mitarbeiterbindung als den wichtigsten Beweggrund für eine sozialere Ausrichtung ihres Unternehmens. Bisher wird jedoch nur von einem Drittel der deutschen Unternehmen in umfassendere Strategien der Corporate Social Responsibility investiert. Mit rund 22 Millionen Menschen wird die Generation der Millennials bald einen Großteil der Mitarbeiterschaft in Deutschland stellen – es ist an der Zeit, sich den Veränderungen zu stellen.

Start-ups bieten für dieses Bedürfnis gute Anknüpfungspunkte. Angefangen bei der schon erwähnten Feedbackkultur bis hin zu einem nicht vorhandenen Dresscode ermöglichen sie es ihren Mitarbeitern, sich in die Entwicklung des Unternehmens einzubringen. So übernimmt jeder und jede Verantwortung für das gesamte Unternehmen – und darüber hinaus.

5.1.2 Make the world a better place

Vor Kurzem waren wir im Zuge eines gemeinsamen Projektes zu Gast bei *TU EINS*. *TU EINS* ist Innovationsplattform und Coworking-Space des Center for Entrepreneurship an der *TU Berlin*. Ein beeindruckender Ort mit beeindruckender Adresse: Ernst-Reuter-Platz 1. Wer den Ernst-Reuter-Platz kennt, weiß sofort, wovon wir sprechen. Der große zentrale Kreisverkehr in direkter Verlängerung der Straße des 17. Juni ist das verkehrstechnische Drehkreuz von West-Berlin. Hier sitzt nun also, seit Januar 2019, *TU EINS*. Über 30 Start-ups finden hier Platz: Es sind kleine, moderne Arbeitsinseln, man schaut sich gegenseitig über die Schulter, doch es ist alles andere als laut im Großraum-Inkubator. Eine konzentrierte und kreative Arbeitsatmosphäre, mindestens jede/r Zweite trägt Kopfhörer, künstliche Intelligenz sitzt neben der Mini-Pflanzenzüchtung für Büros.

Die Eventhalle ist geräumig, hell und – leer. In einer Ecke die ordentlich zusammengeklappte Tischtennisplatte, die die Teams selbst angeschafft haben. In der anderen Ecke 17 bunte Würfel in passender Größe, um als Hocker zu dienen – ebenfalls ordentlich gestapelt. Bei näherem Hinschauen zeigt sich: Die Hocker stehen jeweils für eines der 17 »Global Development Goals« der UN. Sie stehen hier, weil alle Start-ups der *TU Berlin* sich an diesen Development Goals orientieren. Mindestens eins bis drei der globalen Entwicklungsziele soll durch ihr Start-up unterstützt werden. So sehen es die Prinzipien von *TU EINS* vor. Und genau das ist es, was die Start-ups motiviert.

Wir haben uns dann einige Pitches angehört – das sind die kurzen prägnanten Präsentationen, mit denen Start-ups ihre Geschäftsidee vorstellen. Beispielsweise von Lutz Kloke, dessen Bild in Berlin bereits als Aufmacher die Stadtmagazine krönt und der mit *Cellbricks* einer der Pioniere im Bioprinting-Bereich ist. Wenn man Kloke und anderen Start-up-Unternehmer*innen zuhört, dann wird schnell klar: Es geht um nichts Geringeres als darum, einen Beitrag dazu zu leisten, die Welt zu einem besseren Ort zu machen.

Das sieht von außen manchmal chaotisch aus, ist aber für viele Mitarbeiter genau das, was Start-ups als Arbeitgeber attraktiv macht. Das haben wir auch bei *Wigwam* erleben dürfen. *Wigwam* ist eine Genossenschaft mit Sitz im Wedding, die sich als Design-Studio, Kampagnen-Agentur und Organisationsberatung bezeichnet. Aber nur für das Gute. Darunter versteht *Wigwam* den Aufbruch in eine gerechtere ökologische Gesellschaft. Wir treffen im Frühjahr 2018 Gitanjali Wolf, Vorständin von *Wigwam*.

Gitanjali ist überzeugt:

> »Heute geht es ja viel stärker um den Purpose, um dieses Why, als eben um dieses sinnlose – im wahrsten Sinne des Wortes – Aufgaben-Erledigen. Im Zentrum steht heute, gemeinsam diesen Weg zu gehen, für den sich alle motivieren können, weil sie Lust auf das Ziel am Ende haben. Und ich glaube, gute Führung hat ganz stark mit Inspirieren zu tun, mit Lust machen und mit gemeinsam dieses Why finden und vor allem dann immer wieder schärfen und immer wieder hinterfragen, auch kritisch.«

Im weiteren Gespräch schildert uns Gitanjali, wie bei *Wigwam* neue Ideen und neue Produkte entstehen. Das hat einerseits natürlich mit der Kultur zu tun. Andererseits geht es aber auch darum, die richtigen Formate für Beteiligung zu schaffen und diese zu leben:

»Wenn man eine Idee hat, etwas Neues zu starten – und das passiert regelmäßig –, dann kann das jeder einbringen. Und wenn man dann Mitstreiter*innen findet, kann es auch schon losgehen. Da haben wir echt etliche Beispiele, neue Formate, die entstehen, weil jemand einen Impuls hat. Und hierbei sind keine Muster erkennbar im Sinne von ›das ist immer Vorstand XY‹ oder nur Männer, sondern es sind unterschiedliche Leute aus dem Team. Wir haben uns dafür Formate gegeben, in denen Raum ist, so etwas einzubringen. Ein Beispiel hierfür ist unser monatlicher Rundlauf, in dem das gesamte Team für zwei Stunden zusammenkommt und Strategien, Probleme und Lösungen sowie Neuigkeiten bespricht.«

5.1.3 Responsive Organisationen gestalten oder Wie jeder zum großen Ganzen beitragen kann

Für viele Unternehmen, mit denen wir zusammenarbeiten, ist die Frage danach, wie der digitalen Transformation zu begegnen ist, die heute alles entscheidende Zukunftsfrage. An dem Umgang mit dieser Frage, an der Gestaltung des unvermeidlichen Wandels, wird sich die Zukunftsfähigkeit der Organisation erweisen. Aller Unsicherheit, die mit dieser Frage einher geht, zum Trotz: Es zeigt sich, dass diejenigen Unternehmen, die jetzt auf Transparenz und Offenheit setzen, die ihre Mitarbeiter*innen, Führungskräfte und Teams mitnehmen auf dem Weg durch unsicheres Terrain, besser fahren.

»Make it existencial« – dies ist einer der Grundsätze, mit denen Jeffrey R. Immelt als CEO maßgeblich die Restrukturierung des *General Electrics*-Konzerns verantwortet hat. Für ihn war es entscheidend, dass die Mitarbeitenden die Veränderungen des Unternehmens nicht einfach mitmachen, weil sie müssen, sondern dass jede einzelne Person die Transformation als etwas begreift, das existenziell ist – für das Unternehmen und für sie selbst als Mitarbeitende.

Um dies zu erreichen, kommunizierte er die Notwendigkeit der Veränderungsprozesse wieder und wieder im Unternehmen, per Blogeintrag und in Reden sowie in persönlichen Gesprächen mit Mitarbeitenden. Für ihn war es stets zentral, dass sich jeder mitverantwortlich fühlt für die anstehenden Veränderungen. Er erklärte den Prozess immer wieder, stellte sich den Fragen der Mitarbeitenden – nur Nicht-Mitmachen war keine Option. Die Transformation von *GE* wurde so, getragen von einer aktiven Mitarbeiterschaft, zu einem Erfolg und das Unternehmen fit für die digitale Zukunft (Immelt 2017).

Responsiveness – die Definition

!

In ihrem Manifest beschreiben responsive.org, dass die Welt zu einem riesigen Netzwerk geworden ist, in dem sofort Informationen zugänglich und teilbar sind und in dem die Zukunft so schnell umgeschrieben wird, wie die Informationen verstanden werden können. Durch die rasanten technologischen Innovationen und die damit einhergehende beschleunigende Konnektivität entsteht eine kontinuierliche Veränderung, in deren Folge die Zukunft immer schwieriger vorherzusagen ist. Die starren hierarchischen Strukturen vieler tradierter Organisationen sind diesen Veränderungen nicht gewachsen, da sie keine Antwort auf die sich ständig wandelnde Zukunft bieten. Unter dem Begriff »Responsive Organization« sammeln sich demnach neue Organisationskonzepte wie Holokratie, Beyond Budgeting oder die Zellenorganisation. Der Vorteil des Konzepts der »responsiven Organisation« besteht darin, dass sie keine klaren Methoden oder Techniken vorschlägt, sondern dass sie die individuelle Interpretation der Prinzipien den jeweiligen Unternehmen überlässt. Dies ist sinnvoll, da die Idee der responsiven Organisation keiner Firma übergestülpt werden soll, sondern reflektiert und situativ auf alle Bereiche einer Organisation angewandt werden kann.

Führung muss dann auch dafür sorgen, dass die Leistung jedes Einzelnen tatsächlich zum Ganzen beiträgt und nicht nur Selbstzweck ist. Denn auch das zeigen Startups: Sie laden jeden dazu ein, seine Vorstellungen zu verfolgen, und sorgen zugleich dafür, dass das große Ganze nicht aus dem Blick gerät. Denn die Herausforderung besteht darin, eine gute Balance zwischen den Beiträgen von Einzelnen und den Notwendigkeiten der Gesamtorganisation herzustellen.

Purpose – die Definition

!

Der Zweck einer Organisation ist der fundamentale Grund, warum die Organisation existiert. Der Purpose einer Organisation ist nicht die Antwort auf die Frage »Was macht Ihr?«, die sich typischerweise auf Produkte, Dienstleistungen und Kunden konzentriert, sondern die Antwort auf die Frage »Warum ist die Arbeit, die ihr macht, wichtig?«. Mitarbeiter sollten die Arbeit in der Organisation als inspirierend und motivierend empfinden. Denn durch den Purpose einer Organisation ergibt sich ihr Beitrag zur Gesellschaft. Unternehmen existieren, um Gewinn zu machen, aber sie existieren auch, um etwas zu bewegen. Durch ihre Arbeit können Einzelpersonen etwas bewegen und Teil oder Vorreiter einer Idee, eines Zwecks sein.

Die Fähigkeit zur Selbstorganisation und die Frage nach dem Sinn stehen in engem Zusammenhang. Genau hier geraten die Modelle von responsive.org oder Holacracy etc. an ihre Grenzen, denn sie setzen selbstverantwortlich handelnde Menschen voraus. Nur wenn Menschen klar ist, welchen Beitrag sie leisten und welcher Beitrag von ihnen erwartet wird, ist eine Form von Selbstorganisation möglich. Sonst entsteht Chaos. Und dieser Beitrag kann nur zum Teil durch die Führung und die Organisation vermittelt werden, ein anderer Teil muss auch von den Menschen selbst gefunden werden. Das bestätigt im Gespräch auch Manuel Dolderer, Co-Founder und Präsident der *CODE-University* in Berlin:

> »... das bedingt sich alles gegenseitig: Wenn ich so eine purpose-driven Organization bin, dann ziehe ich Menschen an, die sich damit identifizieren und die dann innerhalb dieses Konsens aus Grundprinzipien anfangen können, sehr frei zu gestalten und zu handeln.«

! **Contribution**

Vision mit Beitrag des Einzelnen verbinden: purpose-driven

Welche Aufgaben haben Führungskräfte? Entscheidungen treffen? Delegieren können? Ja, klar. Aber die beiden entscheidenden Aufgaben sind: 1. Zielbilder und Visionen für das Unternehmen zu entwickeln. Und 2. Die Mitarbeitenden auf diese Ziele einzuschwören und ihnen zu vermitteln, warum ihr Beitrag dabei entscheidend ist, warum er ein Beitrag zum großen Ganzen ist.

Formate zur Beteiligung schaffen

Damit jede/r Einzelne sich einbringen und seinen/ihren Beitrag dazu leisten kann, der Vision ein Stückchen näher zu kommen, braucht es Formate zur Beteiligung. Diese Formate können groß, aber auch sehr klein sein. Ob Führungskonferenz, Workshop oder tägliches Stand-up-Meeting: Wichtig ist, dass die Einladung, die die Führung hier ausspricht, eine ernst gemeinte ist. Es muss sich um die Einladung dazu handeln, sich mit seinen Ideen, Gedanken, Überlegungen, manchmal vielleicht auch mit Überzeugungen oder gar Hirngespinsten in das einzubringen, was auf dem Spiel steht.

Verantwortung übernehmen

Die Verantwortung für das, was wir als Organisation sind, und für den gemeinsamen Erfolg liegt künftig nicht allein bei der Führung. Die Verantwortung verteilt sich, wird zu einer geteilten Verantwortung für das Ergebnis oder die Zukunftsfähigkeit. Die besondere Verantwortung von Führung ist es dabei, die gemeinsame Vision und den Purpose dauerhaft im Gespräch zu halten. Darüber hinaus ist es die Verantwortung von Führung, die Tools,

Steuerungsmechanismen und Qualifizierungen bereitzustellen, die es den Teams und Mitarbeiter*innen ermöglichen, Verantwortung zu übernehmen.

Die Balance zwischen dem Beitrag des Einzelnen und dem großen Ganzen finden
Führung sorgt dafür, dass die Balance aus dem Beitrag jeder/s einzelnen Mitarbeitenden und den gemeinsam verfolgten Zielen gelingt. Diese Balance entsteht nicht nur aus dem Vorhandensein von Freiräumen, sondern auch und ganz wesentlich aus einer klaren, verständlichen Struktur und einer transparenten Steuerung.

Befähigung der Menschen zur Selbstorganisation
Selbstorganisation ist ein tiefer Einschnitt. Mitarbeiter sind daran gewöhnt, dass es jemanden gibt, der sagt, wo es langgeht. Da gilt es, Vorteile von Selbstorganisation aufzuzeigen: Also vor allem, dass Mitarbeiter in selbstorganisierten Teams oder Abteilungen oder Squads erleben, was sie gemeinsam erreichen können.

Responsiveness ermöglichen
Die Organisation mag sich wandeln, permanent. Aber genau in dieser Situation braucht es eine Konstante und die heißt: Responsiveness. Es muss ein verlässlicher Austausch stattfinden. Und vor allem muss eine Führungskraft Kommunikation und Feedback einfordern.

Wie Führung ohne »Managen« gelingt und warum er weniger auf Regeln, sondern auf Authentizität setzt, erläutert Christian Teske von *Oxea* im Interview.

Interview mit Christian Teske, *OXEA Holding GmbH*, Director Global Internal Audit, Compliance Officer Finance & IT

»Führen, nicht managen!«

Der Ort, an dem wir uns mit Christian Teske getroffen haben, hat weniger mit New Work zu tun, sondern wohl eher mit Disneyland. Wir waren im Fire & Ice in Neuss bei Düsseldorf, einer gewaltigen Skihalle, in der man ganzjährig eine künstliche Piste herunterschwingen kann. Man fühlte sich mitten im Rheinland wie auf der Alm oder Skihütte, alles ist stilecht: die Holzbalkone, der Skilift, die Musik – und eben doch ein wenig wie Disneyland. Wir waren dort wegen eines Workshops, der trotz Schneezirkus in sehr guter konzentrierter und konstruktiver Atmosphäre stattfand, und am Rande haben wir uns mit Christian Teske unterhalten.

Christian Teske ist Director of Global Internal Audit bei *OXEA*, einem Chemie-Unternehmen mit Hauptsitz im rheinischen Monheim. Die *OXEA* ist eine Firmengruppe, die von einem Investor aus verschiedenen Unternehmen (u. a. Teile der *Degussa* und *Celanese*) zusammengesetzt und Ende 2013 an die *Oman Oil Company* verkauft wurde. In einem aktuellen Projekt werden mehrere omanische Gesellschaften im Öl- und Gasbereich, u. a. *OXEA*, unter dem neuen Firmennamen *OQ* zusammengelegt. Nicht zuletzt die Zusammensetzung aus verschiedenen Unternehmenskulturen und Hintergründen macht eine neue Führungskultur zur Herausforderung. Christian Teske setzt dabei auf klassische Managementqualitäten wie »Vertrauen aufbauen« und »Stabilität bieten«.

***Oxea* ist ein erfolgreiches mittelständisches Unternehmen und ist dabei, die Zusammenarbeit neu zu organisieren. Welche Rolle spielt dabei Leadership? Oder anders gefragt: Welche Führung braucht es, um langfristig erfolgreich zu bleiben?**
Christian Teske: Eine sehr gute Frage, die ich etwas differenziert betrachten möchte. Zunächst einmal braucht jeder Mensch eine etwas andere, also individuelle Führung, die auch wieder sehr stark davon abhängt, wie der Leader selbst tickt und denkt.

Wenn ich das heutzutage auf die neuen Parameter wie Digitalisierung, Globalisierung oder Change-Management herunterbreche, liegt für mich etwas ganz Grundsätzliches auf der Hand: Es braucht als Leader einen Menschen, der von der Grundart »stabil« und verbindlich ist. Was heißt das für mich?

Es braucht jemanden, der Leistung honoriert, nicht Anwesenheit, der flexibel ist und sich angemessen schnell auf neue Situation einstellen kann. Er muss einen enormen Vertrauensvorschuss geben können, damit man in der agilen, sich schnell verändernden Welt mithalten kann. Mit anderen Worten: Ein Leader muss führen und nicht managen, er muss Visionen haben und eine klare Vorstellung über die Mission, die dann im Team weiter ausgearbeitet werden muss. Ein Leader sollte führen, indem er coacht und kein Mikro-Management betreibt. Der eine braucht mehr, der andere weniger Impulse, um die individuelle Leistung adäquat abrufen zu können. Aber im Grunde würde ich hier gerne meine Definition von Stabilität auch mit Buzzwords untermalen: Vertrauen schaffen, Verständnis zeigen, Coachen, aber bitte nicht managen. Managen können die

Mitarbeiter im Team, denn sie sollen die täglichen Prozesse und Abläufe begleiten und steuern, sie sind die Experten.

Welchen Weg muss ein Unternehmen, müssen Führungskräfte gehen, damit ein vertrauensvolles und verständnisvolles Leadership möglich ist?
Christian Teske: Es ist von Firma zu Firma sehr unterschiedlich, da auch die Kultur anders sein wird. Mein Gefühl ist, dass heutzutage einige Firmen meilenweit davon weg sind, da viele sogenannte Manager eigentlich nur mäßige Führungskräfte sind, gerade vor dem Hintergrund der Digitalisierung und der globalen Veränderung. Ich versuche daher, meinen Bereich so zu führen, dass wir als Team beste Leistung in kürzester Zeit abrufen können. Ich weiß um meine Stärken und Dinge, die ich gut kann. Ich kann auch einiges nicht so gut, dafür gibt es aber Teammitglieder, die das kompensieren. Um ein guter Coach zu sein, brauche ich Input von meinem Team. Jeder hat seine Stärken und diese gilt es herauszuarbeiten und vor allem sinnvoll einzusetzen. Mir ist wichtig, dass sich meine Mitarbeiter frei entfalten können. Auch hier ist die freie Entfaltung anders bei jedem Menschen. Aber das ist auch okay so, denn ich möchte, dass meine Mitarbeiter eine Komfortzone haben, in der sie die maximale Leistung erbringen können. Diese kann ich messen über Smart-Goals, KPIs und KRIs, was wir heute auch schon tun. Auch hier müssen wir stetig besser werden, aber ich denke, wir sind auf dem richtigen Weg. Als Leader muss man sehr anpassungsfähig sein und vor allem schnell – »be sharp and smart«.

Hast du darüber hinaus noch einen Satz, einen Leitgedanken, der deine Vorstellung von Führung charakterisiert?
Christian Teske: Nein, einen direkten Leitsatz habe ich nicht. Aber spontan würde ich diesen wie folgt umrahmen: Sei authentisch, ehrlich, fordere und fördere Leistung, schaffe eine gute Work-Life-Balance, schenke Vertrauen, stabilisiere die Zusammenarbeit und bringe Impulse. Alles im Kontext von Offenheit für Veränderung und Geschwindigkeit.

Contribution: Typische Hindernisse !

Wir erleben es so oder so ähnlich immer wieder: Wir beginnen, mit den Führungskräften eines Unternehmens mit dem 4C-Modell zu arbeiten. Dabei kommen wir recht schnell auf die Frage nach dem Sinn zu sprechen. Wir fragen dann: »Was ist das ›Why‹, das ihr euren Teams, euren Kollegen, euren Kunden mitgebt? Womit erzeugt ihr die Energie dafür, dass alle sich auch morgen wieder mit all ihrer Kraft und ihren Ideen in die Arbeit an den gemeinsamen Zielen einbringen?« Nach diesen Fragen herrscht häufig erst einmal Schweigen. Jemand aus der Runde der Anwesenden meldet sich zu Wort: »In unserem Unternehmen gibt es einen solchen Purpose oder eine Mission, wie du sie beschreibst, nicht. Bei uns gibt es nur Zahlen. Die Strategie, die wir ausgeben, zielt auf einer Steigerung der Ertragskraft, auf mehr Wertschöpfung, auf Effizienzsteigerungen und die Bewältigung der digitalen Transformation. Das hat nichts Visionäres und da kann ich auch keinen Purpose entdecken, an dem ich mich mit meinem Team orientieren könnte.« Dies ist ein Beispiel für ein sehr typisches Contribution-Hindernis: Ich kann als Führungskraft nur das vermitteln, wofür ich durch die übergeordnete Strategie einen Rahmen vorfinde.

Ein weiteres Hindernis ist die Sorge der Führung, dass Mitarbeiter und Teams keine Verantwortung übernehmen *wollen*. Die Befürchtung ist dann, dass durch die eingeschränkte Bereitschaft zur Verantwortungsübernahme Teamaufgaben nicht erledigt werden. Oder dass die Mitarbeiter die neuen Freiheiten der Eigenverantwortung als eine Zumutung empfinden. Nach dem Motto: Ich arbeite ja schon genug. Soll ich jetzt noch zusätzliche Verantwortung übernehmen?

Ein drittes typisches Hindernis ist der plötzliche unbegleitete Musterwechsel. Gestern haben wir noch in der klassischen Arbeitsteilung gearbeitet, heute sind wir agil.

Lösungsansätze

Alle drei Hindernisse können vermieden werden. Den Führungskräften, die uns anschauen und auf den nicht vorhandenen Purpose der Organisation verweisen, empfehlen wir, mit der Entwicklung ihres eigenen Purpose zu beginnen und diesen dann in das Team und in die relevanten Schnittstellen des Unternehmens zu tragen. Dazu, wie das geht, können Sie sich in unserer Toolbox (Kap. 7) Inspiration holen.

Die Umstellung auf mehr Verantwortungsübernahme im Team sollte ich als Führungskraft gut vorbereiten. Idealerweise entwickle ich die Begründung für ein stärker selbstorganisiertes Arbeiten in einem gemeinsamen Workshop mit dem Team. Und ich begleite den Prozess der Entwicklung hin zu mehr Selbstorganisation und Eigenverantwortung gezielt – sodass allen Beteiligten klar wird: Es geht nicht um *mehr*, sondern um *anders*. In extremen Fällen kann es richtig sein, sich von einzelnen Teammitgliedern zu trennen. Aber das kommt seltener vor, als man meinen würde.

5.2 Creativity – warum Feedback so wichtig ist

Eigentlich sind sie schon recht weit: Sie haben eine moderne Arbeitsatmosphäre, es gibt einen Meeting-Raum mit Sofaecke und Stehtisch, ein Agile Coach arbeitet auch im Team, und in der Kantine flackert das Kaminfeuer auf dem LED-Bildschirm. Der Chef ist »der Michael« und gesprochen wird viel und über alles.

Für uns ist es eher ein Job unter Freunden. Wir kennen Michael. Er wollte für sein Team einen Einblick in unsere Methode und so bot es sich an, dass wir vor Weihnachten einen Workshop bei ihm und seinem Team machen. Das Team gehört zu einem großen Verlagshaus, es entwickelt IT-Lösungen und neue Ideen zur Transformation. Für uns eine gute Gelegenheit, Einblick in ein agiles Team zu gewinnen, das sich weiterentwickeln will, das wiss- und lernbegierig, das sehr offen für Input von außen ist.

Auch das zeichnet New Work aus: Menschen, die wollen, und Menschen, die offen sind, sich vieles anhören, vorurteilsfrei, kontaktbereit, kommunikativ. Nicht zuletzt diese Eigenschaften bilden den Humus für Kreativität.

5.2.1 Feedback ist zentral

Kreative Prozesse, wie wir sie heute kennen, finden in diversen Formaten statt. Inzwischen haben sich Feedbackschleifen etabliert, Kreativität basiert auf dem offenen Austausch, auf Ausprobieren, Testen und Weiterentwickeln. Unternehmen bemühen sich, einen kreativen Rahmen zu schaffen, der nicht Bewährtes wieder und wieder aufwärmt, sondern Mitarbeitern die Möglichkeit der Entfaltung und des Querdenkens bietet.

Hierfür braucht es auch die richtigen Menschen. Ein Start-up zum Beispiel kann es sich nicht leisten, die falschen Mitarbeiter auszuwählen. Wer nicht offen ist, wer auf Vorgaben und Anweisungen wartet, wer nur arbeiten kann, wenn ihm einer sagt, was zu tun ist, wird sich in einem Start-up nicht wohlfühlen. Da geht es um eine neue Kultur, andere Prozesse und offene Menschen. Und offene Menschen sind auch offen für die Meinung anderer. Daher ist Feedback zu Qualität, Inhalten, Themen, Ideen, Prozessen und zur Zusammenarbeit zentral.

Feedback zu geben ist eine Herausforderung, da die (Arbeits-)Beziehung ernst genommen werden und die Fortsetzung und Anknüpfung der Kommunikation immer im Fokus stehen muss. Zentrale Punkte sind hierbei das Ermöglichen von Zusammenarbeit, das Gestalten von Entscheidungen, die Nutzung des Wissens der Vielen und das Erkennen von Chancen und Möglichkeiten. Es geht nicht um Bewahren, Sicherheit, Hierarchie und Ansagen, sondern stattdessen um Veränderung, Risiko, Kooperation und Aushandeln – um ein Überzeugen der anderen und vor allem um Kreativität. Die Meinung der anderen spornt an, eine Idee zu verfolgen.

Das Bild eines überladenen Lkw

Wie gesagt: In dem Team des Verlags sind sie schon weit, die Grundlagen bereits gelegt. So konnten wir uns auf wesentliche Fragen beschränken:

- Wie würdet ihr eure Zusammenarbeit beschreiben?
- Wie funktioniert Führung bei euch?

Beide Fragen hatten wir den Teammitgliedern vorab zugeschickt und sie sollten sich dazu Bilder suchen. Die Bedeutung von Bildern hatten wir in der Einführung erläutert. Bilder sind immer ein emotionaler Schlüssel und eine gute gedankliche Vorbereitung auf das Thema. In diesem Fall sollten sie vorab Bilder suchen, die ihre Zusammenarbeit, ihre Führung charakterisieren. Das ist in der Regel recht aufschlussreich.

Ein Bild sagt mehr als tausend Worte, sicher. Aber vor allem hilft es Menschen, eine Situation auf den Punkt zu bringen. Es hilft, ein Gefühl auszudrücken, auch ein Unbehagen. Das Bild eines überladenen Lkw, auf dessen Ladefläche sich Kisten und Tonnen gefährlich türmen, ist eben ein Hinweis darauf, dass sich das Team eventuell manchmal zu viele Projekte auflädt, dass das das Vorankommen erschweren könnte oder dass eben etwas runterfällt. Das zu besprechen ist dann der nächste Teil des Workshops.

Jeder der Teilnehmer hat am ersten Workshop-Tag zwei Bilder dabei – eines für Zusammenarbeit und eines für Führung. Es sind zum Teil originelle Motive, anhand derer sich das Team »aufblättert«. Denn das Bild sagt oft mehr als die vielen Worte, sie in einem Workshop gewechselt werden. Zum Thema »Führung« hat einer ein etwas kitschiges Bild mitgebracht, das Jesus mit ein paar Schafen zeigt, ein Lämmchen liegt dabei noch auf der Schulter von Jesus. Alles hochinteressant, weil offenbar die meisten im Raum wissen, was gemeint ist: Dass der Chef zwar »die Herde« mit Bedacht führt, es aber offenbar auch ein »Lämmchen« gibt, dem er etwas mehr hilft, das er stärker unterstützt.

Eindeutig, zweideutig, hintergründig

Es gibt noch das Bild eines etwas unsortierten Ameisenhaufens, ein Bild von streitenden Schülern, von einem Löwen, der in diesem Fall nicht der Jäger ist, sondern von einer Herde Büffel gejagt wird, einen Beitrag zum Thema Führung und dann noch die Bergsteiger-Motive, bei denen der eine den anderen absichert, ihm nach oben hilft und man gemeinsam einen Gipfel erklimmt. Mit Bildern zu arbeiten ist immer sehr aufschlussreich – man erfährt sehr viel über ein Unternehmen, eine Abteilung. Die Bilder-Stunde zu Beginn ersetzt viele Analysen und aufwendige Mitarbeiterbefragungen. Außerdem unterstreicht sie den offenen Charakter eines Workshops: Wir reden über Bilder, aber eigentlich reden wir über das Team.

Die Bilder sind eindeutig, zweideutig, hintergründig oder manchmal nur platt, aber jedes einzelne Bild hilft, die Menschen zu verstehen, die vor uns sitzen. Zudem vermeiden wir damit, eine Sache unnötig kompliziert zu machen oder schon zu Beginn Blockaden auszulösen. Über die Bilder kommen wir ins Gespräch, wir schaffen eine gute Kommunikationsatmosphäre, also die beste Voraussetzung für einen Workshop – und letztendlich die Basis für das, was wir »New Collaboration« nennen: die Art, in der sich Zusammenarbeit und Führung wandeln müssen, um in einer digitalen Zukunft zu bestehen.

Ambidextrie: zweigleisig fahren

Bei der *New Collaboration* steht aus unserer Sicht das Konzept der Ambidextrie (Beidhändigkeit) im Fokus: Der Begriff der »Exploration« beschreibt die Notwendigkeit zu stetiger Innovation, zu Aufbruch und Neuerfindung auf der einen Seite, »Exploitation« meint die gleichzeitige Stabilisierung, Sicherung und kontinuierliche Effizienzsteigerung des Kerngeschäfts auf der anderen Seite. Bei Ersterem geht es häufig um Investitionen in die Entwicklung neuer Geschäfte, neuer Märkte, neuer Kundenbeziehungen und das Denken in den Ökosystemen, die unser Handeln morgen bzw. übermorgen bestimmen werden. Bei Letzterem geht es um Investitionen in die heutigen Geschäfte, Märkte und Kundenbeziehungen, um in der Gegenwart Gewinne zu erzielen.

Beide Aspekte organisationaler Ambidextrie sind aus unserer Sicht unverzichtbare Bestandteile der Selbsterneuerung von Organisation und Führung (zu den Ursprüngen des Ambidextrie-Konzeptes vergleiche Tushmann/O'Reilly 1996). Sowohl Exploitation als auch Exploration müssen heute neu verhandelt werden – es muss neu gedacht werden, wie Verantwortung übernommen wird und wer welche Entscheidungen trifft. Es braucht eine andere »Organisationsdenke« als bisher (Wimmer/von Ameln 2019). Wir müssen über eine Organisationsgestaltung nachdenken, die die beiden Modi *Explore* und *Exploit* und ihre sehr unterschiedlichen Grundlogiken in ein orchestriertes Zusammenspiel bringen. Es geht nicht um ein Entweder-oder, sondern um ein Sowohl-als-auch. Basis dafür ist unser 4C-Modell, wobei es uns in diesem Fall vor allem auch um Creativity ging. Um die Initialzündung, etwas Neues zu schaffen.

5.2.2 Vertrauen als Basis für Kreativität

Creativity ist für uns mehr als nur eine Innovationstechnik wie beispielsweise Design Thinking. Tatsächliche Kreativität entsteht in der Regel nur dort, wo Feedback zugelassen wird, wo offen ausgesprochen werden kann, wie man zu einer Idee steht, auch und vor allem gegenüber Führungskräften. Dabei ist nicht das individuelle Feedback gemeint, es geht auch nicht darum, endlich mal allen die Meinung zu sagen oder das Gesagte immer auf sich persönlich zu beziehen. Das würde für Irritationen sorgen.

Feedback heißt, gemeinsam um eine Idee zu ringen, ohne es persönlich werden zu lassen. Das setzt ein gehöriges Maß an Vertrauen voraus, eine Vertrauensbasis, die geschaffen werden muss, denn nur in einem stabilen Vertrauensverhältnis ist Kreativität möglich – wenn man einer Kollegin, einem Kollegen sagen kann, was man vom

Vorschlag hält, ohne persönlich verletzend zu werden und ohne dass diese den Einwand als Demütigung, als Abwertung ihrer Person betrachten. Es ist selbstredend eine Aufgabe von Führung, diese Vertrauensbasis zu schaffen und Feedback zuzulassen.

Feedback ist auch eine Übungssache: Es kann gelernt, kann geübt werden. Immer und immer wieder.

5.2.3 Kreatives Entwickeln von Ideen

Ist allen die Bedeutung von Feedback bewusst, können wir die nächste Etappe im Workshop angehen: die Ideenfindung, die praktische Arbeit. Um den Strom an Meinungen und Haltungen zu kanalisieren, teilen wir das Team in vier Gruppen, und die erste Aufgabe lautet: Welche Probleme wollen wir überhaupt lösen? Denn die Beschäftigung mit der Fragstellung fokussiert, präzisiert die Herausforderung und sorgt nicht zuletzt für eine klare Disposition im Kopf: Dieses Problem wollen wir lösen! Sind die Fragestellungen formuliert, sollen die Teilnehmer ihre Ideen umsetzen, Prototypen entwickeln, die die Idee greifbar machen. Daraufhin geben sie sich gegenseitig Feedback. Dann werden die Prototypen überarbeitet, bis am Schluss eine fertige, ausgegorene, anwendbare Idee steht. Eine Idee, die sich im besten Fall in den Unternehmensalltag integrieren lässt.

Das ist Ziel des Workshops. Unsere Aufgabe als Organisationsberater ist dabei vor allem: zu reduzieren. Und wieder zu reduzieren. Die Vielzahl der Ansichten und Intentionen auf den Punkt zu bringen. Auf *den* Punkt, mit dem sich die meisten (am besten alle) komplett identifizieren können – und das ist für uns die optimale Anwendung des 4C-Modells: wenn Purpose, Kreativität, Entscheidungsfindung und Kommunikation im Einklang sind.

Was Kreativität betrifft, orientieren wir uns am Medienunternehmen *Pixar*, das eigene Standards für Kreativität gesetzt hat, die aus unserer Sicht gut auf Unternehmen und Organisationen übertragbar sind.

5.2.4 Wie bei *Pixar* Kreativität gefördert wird

In Sachen Kreativität gilt *Pixar* als Vorreiter. Das 1986 gegründete kalifornische Unternehmen ist auf Computeranimationen spezialisiert und hat, vor allem zunächst in der Kooperation mit dem Disney-Konzern, ab 2006 als Teil von Disney den »Zeichentrickfilm« revolutioniert. Mit Filmen wie »Toy Story«, »Findet Nemo« und »The Incredibles« haben sie völlig neue, perfekt animierte Filme produziert. Der Erfolg von *Pixar* beruht dabei auf Teamwork, auf einer offenen Kultur der Zusammenarbeit, die kreative Prozesse nicht nur beeinflusst, sondern erst möglich macht.

Matthew Luhn arbeitet seit mehr als 20 Jahren als Story Artist für *Pixar*. Er war an großen Produktionen wie »Cars«, »Monsters, Inc.«, »Ratatouille« und »Findet Nemo« beteiligt – seit einigen Jahren ist er als Redner und Berater gefragt. Vor allem sein Vortrag »Inspiring Creativity in the Workplace« und das daraus entstandene Buch »The best story wins« von 2018 haben großes Aufsehen erregt, weil Luhn darin erläutert, wie man ein kreatives Umfeld in einem Unternehmen schafft, und zum anderen eine Anleitung für wertvolles (und kreativitätsförderndes) Feedback gibt:

1. **Bauen Sie einen »Braintrust« auf, um kreative Ideen zu entwickeln.**
   Bei *Pixar* habe man, so Matthew Luhn, ein Team von Regisseuren, Autoren und Geschichtenerzählern zusammengestellt – einen sogenannten »Braintrust«, der in kontinuierlichem Austausch neue Ideen entwickelt und in dem man sich gegenseitig inspiriert. Die Mitglieder des Braintrust würden sich regelmäßig treffen, um von Ideen, Plänen und Filmprojekten zu berichten und davon, wie die Filme Gestalt annehmen. Luhn rät jedem Unternehmen, einen geschützten Raum, einen Braintrust zu schaffen, in dem sich die einzelnen Mitarbeiter regelmäßig treffen, sich offen austauschen und Feedback geben.

2. **Feedback setzt Offenheit, Ehrlichkeit und gegenseitigen Respekt voraus.**
   Um den kreativen Prozess zu initiieren, ist es auch wichtig, *wie* Sie Feedback geben. Dabei sollten Sie auch Kolleginnen und Kollegen Feedback geben, als seien es Freunde. Gerade das gegenseitige Vertrauen ist fundamental für nachhaltiges Feedback. Luhn sagt: »Wenn Sie mit Offenheit und Respekt ehrliche Rückmeldungen geben, wird dies der gesamten Firma helfen.« Gutes Feedback halte das Team zusammen und schaffe die Basis für erfolgreiche Projekte.

3. **Seien Sie in Ihren Kommentaren ausgewogen.**
   Wichtig ist, beim Feedback den jeweiligen Status eines Projekts zu berücksichtigen. Wer beim Feedback außer Acht lässt, welche Zeit noch aufgewendet werden muss, welche Technologie noch (oder noch nicht) eingesetzt wurde, verfehlt das Ziel eines guten Feedbacks. Wenn Sie Ihren Kollegen Feedback geben, muss die Balance zwischen dem, was machbar ist, und dem, was bisher erreicht wurde, bewahrt werden.

4. **Fassen Sie sich kurz.**
   Wer in dynamischen Teams arbeitet, weiß: Zeit ist wichtig. Das gilt auch beim Feedback. Ein knappes Feedback ist auch notwendig, um das Tempo der Kreativität, die Energie und den Fluss eines Projekts aufrechtzuerhalten. Seien Sie also klar und knapp in Ihren Kommentaren.

5. **Geben Sie rechtzeitig Feedback.**
   Ebenso wie es wichtig ist, sich beim Feedback kurz zu fassen, ist auch der Zeitpunkt des Feedbacks entscheidend. Wenn Sie zu lange warten mit Ihren Anmerkungen, ist das Team bereits weiter, das Projekt vorangeschritten, und ein Feedback wirkt oft deplatziert. Man sollte also sicherstellen, dass Kommentare und Meinungen pünktlich abgegeben werden.

6. **Stellen Sie viele Fragen.**
   Um den kreativen Prozess in Gang zu bringen, sind die richtigen Fragen wichtig. Dafür braucht es eine Arbeitsumgebung, in der es nicht nur *okay* ist, Fragen zu stellen, sondern absolut *erwünscht*. Bei *Pixar*, sagt Luhn, hätten sie im Braintrust eine Umgebung geschaffen, in der alle mit kritischen Fragen umgehen können – nur so können Fehler oder nicht Umsetzbares entdeckt und korrigiert werden.

7. **Sagen Sie immer »Ja, und …«.**
   Damit die kreativen Ideen weiterfließen können, ist es wichtig, einen positiven Ton zu erhalten. »Nichts tötet die Energie und Kreativität in einem Raum schneller als jemand, der sofort ›Nein‹ sagt«, erklärt Luhn. Und statt einfach nur zuzustimmen, sagen Sie »Ja, und …« zu einem Vorschlag und entwickeln Sie die Idee so weiter. Das ist Kreativität. Der eine nimmt den Ball vom anderen auf und »spinnt« die Idee weiter. Das ist Teamarbeit. Bei *Pixar* gilt die Devise: »Wir lassen unser Ego an der Tür und inspirieren uns gegenseitig, die besten Ideen und Geschichten zu kreieren.«

Was *Pixar* darüber hinaus ausmacht, hat Ed Catmull, der Co-Founder von *Pixar*, in »Creativity Inc.« (Catmull 2014) auch sehr anschaulich beschrieben. Darin schreibt er, wie man das kreative Potenzial von talentierten Menschen am besten pflegt und für die gesamte Organisation nutzbar macht. Kreativität und Innovation sind heute unverzichtbar für jede Organisation – aber wie fördert man sie, wie pflegt man sie, wie erhält man sie, wie macht man sie zugänglich? Ehrlichkeit, Offenheit, Empathie und Vertrauen sind dabei die wichtigsten Punkte.

Kreative Prozesse finden in diversen Formaten statt, es geht um Feedbackschleifen, offenen Austausch und um das Testen und Weiterentwickeln. Es geht also um Kultur, Prozesse und Menschen. Dabei ist Feedback zentral. Feedback braucht es zu Qualität, Inhalten, Themen, Ideen und Prozessen. Und Feedback braucht es zur Zusammenarbeit. Beides ist heute für Führung zentral – und nicht leicht.

5.2.5 Führung in Innovationsprozessen

Der von der Lean-Startup-Bewegung etablierte Loop von »build – measure – learn« ist mittlerweile auch in den Konzernen angekommen. Die Kundenperspektive ist fester Bestandteil von Strategie, Produktion und Entwicklung. Und die Aufgabe von Führung ist es dann, Rahmenbedingungen zu schaffen, in denen Entdeckungen belohnt werden, Widerspruch Wertschätzung erfährt und Fehler möglich sind. Führung in Innovationsprozessen besteht aus der Zusammenführung vieler individueller Talente und Beiträge in kollektiven Prozessen. Ein gutes Beispiel dafür ist die Entstehung eines computeranimierten Films bei *Pixar*, wie es auch Ed Catmull in dem erwähnten Buch beschreibt.

Führungskräfte innovativer Organisationen gestalten eine Umgebung, in der Menschen willens und fähig sind, die spannende, aber teilweise auch harte und konfliktreiche Innovationsarbeit auf sich zu nehmen. Der Wille und die Motivation zur Innovation entstehen über die Entwicklung von Communitys, deren Mitglieder einen gemeinsamen höheren Zweck verfolgen, geteilte Werte haben und sich nach gemeinsamen Spielregeln richten.

Reibung und Konflikt aushalten
Die Fähigkeit zur Innovation entsteht durch ein Zusammenspiel von kreativer Reibung, entdeckendem Lernen und integrativem Entscheiden. Dabei sind Communitys natürliche Orte für Innovation. Ihre Leistungsfähigkeit basiert auf einer gemeinsamen Mission, gemeinsamen Werten und gemeinsamen Spielregeln. Communitys schaffen eine Umgebung, in der ihre Mitglieder sich öffnen, ihre Ideen teilen, neue Dinge ausprobieren, ins Risiko gehen, Fehler machen und Reibung und Konflikt aushalten können.

!

Creativity

Feedback nutzen
Um Ideen voranzubringen braucht es Rückmeldung. Was denken die anderen? Was fällt den anderen als Ergänzung oder Erweiterung ein? In einem offenen Klima, in dem Feedback nicht nur erlaubt, sondern ausdrücklich erwünscht ist, können sich Ideen entwickeln, können Ideen vervollständigt werden. Kreativität ist selten etwas, das sich im stillen Kämmerlein entfaltet. Kreativität entfaltet sich im Austausch mit anderen, auch und gerade im kritischen Austausch. Nur dann, wenn ich offen und ehrlich sage, was ich von einer Idee oder einer Sache halte, kann mein Feedback einen Beitrag dazu leisten, diese Idee einen Schritt weiter nach vorn zu bringen. Und genau das will geübt sein.

Fehlerkultur und Prototyping etablieren
Hier geht es um die sogenannten MVPs (Minimum Viable Product), um das minimal lebensfähige und damit einsatzfähige Produkt. Es geht darum, so rasch und so breit wie möglich Feedback einzuholen. Oder darum, möglichst schnell zu scheitern, wie ein guter Freund und Kollege von uns immer sagt. Denn wer schneller scheitert, hat den kürzeren Weg zur nächsten Überarbeitungsschleife und damit zur nächsten verbesserten Version seiner Idee bzw. seines Produktes. Genau das ist auch eine der Kernideen der Lean-Startup-Bewegung rund um Eric Ries und auch die Kernidee von Prototyping: Man bewegt sich in einem Build-Measure-Learn-Loop, arbeitet mit kurzen Entwicklungszyklen und steht im ständigen Austausch mit den Kunden bzw. der Zielgruppe, um die es geht.

Teamwork anregen
Wissen Sie, wie viele Ideen in Ihrem Unternehmen schlummern? Vermutlich mehr, als die meisten Führungskräfte glauben. Daher sollten Möglichkeiten geschaffen werden, damit Mitarbeiter und Teams ihre Ideen und ihre Kreativität entfalten können. Das können einerseits neue Räume sein, offene, helle Meeting-Räume, Kommunikationsarenen – andererseits muss es darum gehen, die Mitarbeiter als Teams an diesen Orten zusammenzubringen, sodass eben nicht nur jede/r vor seinem eigenen Rechner sitzt, sondern dass die Unterschiedlichkeit der Perspektiven im Team sinnvoll genutzt wird.
Wenn wir stärker in Netzwerken und weniger in Silos arbeiten und denken wollen, müssen wir in Unternehmen die Teamarbeit stärken. Teams sollten eigenständiger und selbstverantwortlicher handeln – und nicht von Hierarchien ausgebremst werden. Und Aufgabe von Teams wird es immer mehr sein, gemeinsam nach den besten Lösungen zu suchen.

Das Wissen der Vielen als Ressource sehen
Dank der Digitalisierung kann das Wissen und die Kreativität verschiedener Menschen zusammengebracht werden. Collaborative Leadership hat die Aufgabe, ein kreatives Klima zu schaffen und vor allem den Austausch und Wissenstransfer zwischen verschiedenen Mitarbeitern, Standorten, Fachbereichen und Hierarchieebenen zu ermöglichen. So wird das verteilte Wissen der Organisation orchestriert und an den richtigen Stellen zusammengebracht.

Der Abschnitt rund um das Thema Creativity macht es besonders deutlich: Die Fähigkeiten, die Führung heute braucht, entwickeln sich kontinuierlich weiter. Es sind andere Fähigkeiten als noch vor zehn Jahren. Und in zehn Jahren werden wir es erneut mit anderen Fähigkeiten zu tun haben, die Führung erfolgreich machen. Wer weiß – vielleicht unterhalten wir uns dann ja schon darüber, wie wir Roboter und künstliche Intelligenzen führen?

In der Entwicklung von Führungsfähigkeiten, das hatten wir in der Einleitung bereits erwähnt, geht es nicht um Disruption, sondern vielmehr um die gezielte Weiterentwicklung bestehender Fähigkeiten und Kompetenzen. Kane und Kollegen (2019) zeigen in ihrer Studie mit über 20.000 Teilnehmern aus 120 Ländern:

Die wichtigsten Fähigkeiten moderner Führung sind eine transformative Sicht und eine zukunftsorientierte Perspektive, dicht gefolgt von »digital literacy« und der Fähigkeit, sich flexibel Veränderungen anzupassen. Die wichtigsten traditionellen Führungsqualitäten sind, zu erkennen und zu unterstreichen, welchen Wert die Veränderung bringt (und entsprechend zu investieren), selbst Teil der Veränderung zu sein (anstatt zu delegieren) und die Mitarbeitenden für die neuen Entwicklungen zu rüsten.

Was können Sie also tun? Sie können neue Leute ins Unternehmen holen, die »Digitalisierung« können. Sie können Ihr C-Level zur Schule schicken – deren Abschluss liegt vermutlich schon einige Jahre zurück: Zeit, sich mit neuen Inhalten zu beschäftigen!

5.2.6 Experimente und Scheitern zulassen

Kane und Kollegen sprechen sich aber auch für grundsätzliche Veränderungen der Zusammenarbeit aus: Sie sollten eine Kultur der Experimentierfreudigkeit erschaffen. Auch wenn in agil arbeitenden Unternehmen eine »Fehlerkultur« offiziell bereits gefördert wird, ist die implizite Botschaft dennoch häufig, dass Scheitern keine Option ist.

Nicht zuletzt ist es das Ziel, eine Kultur der Auseinandersetzung zu schaffen und dazu zu nutzen, dass Neues entstehen kann. Ein Ausprobieren, zu dem auch ein mögliches Scheitern gehört, ist in dieser Kultur fester Bestandteil.

Statt monatelang zu diskutieren, statt aufwendige Entwicklungsprozesse einzuläuten, machen sich in dynamischen Unternehmen wie beispielsweise *Google* die Mitarbeiter ans Werk, entwickeln Prototypen, etwas, das man in die Hand nehmen kann, etwas zum Ausprobieren. Es wird schnell was gebastelt, aus Spielzeug, aus Karton, aus Hölzern. Und dann lässt sich erkennen: »Könnte klappen« oder »Lassen wir besser sein«.

Legendär ist die geplante Server-Farm von *Google*, die sich die beiden *Google*-Gründer Sergey Brin und Larry Page zunächst mit Legosteinen bauten. Dieser Prototyp einer Server-Farm ist heute in einer Glasvitrine an der *Stanford University* zu besichtigen. Was wir damit sagen wollen: Ausprobieren ist der entscheidende Schritt zur Innovation. Zerreden, problematisieren, abwinken, erst gar nicht beginnen sind es definitiv nicht.

Dabei ist es die grundlegende Haltung der Führung gegenüber Experimenten, die über Erfolg und Misserfolg entscheidet – und nicht, wie man meinen würde, der Ausgang eines einzelnen Experiments. Im größeren Umfang Experimente zuzulassen, idealerweise sogar Experimente, die datengetrieben sind, ist nicht so sehr eine Frage des richtigen technischen Ansatzes. Es ist vielmehr eine Frage der Kultur, die die Experimentierfreude als einen wichtigen Bestandteil der Unternehmens-DNA beinhaltet. Dazu sagt Stefan Thomke, Professor an der *Harvard Business School* (Thomke 2020):

> »The lesson is that it's not so important whether any one experiment succeeds or fails; what matters is how decisions are adjudicated under uncertainty in an organization. If they can be put to the test, they should be.«

Beraterin Katharina Schaary sieht Führung auch als eine Form, sich selbst weiterzuentwickeln, im Austausch und in der Zusammenarbeit mit anderen. Im Interview berichtet sie, warum Fehler als Bereicherung angesehen werden und warum man als Führungskraft die Sichtweise der anderen nicht herunterspielen sollte.

Interview mit Katharina Schaary, Beraterin, *b4b*, Hamburg

»Führung ist nichts Fixes – Führung ist gegenseitige Weiterentwicklung.«

Katharina Schaary hat keinen festen Arbeitsplatz mehr. Sie ist zwar fest angestellt und sie ist auch Führungskraft, aber statt Büro, Schreibtisch und Topfpflanze bildet eher die Mobilität den Rahmen ihrer Arbeit. Sie ist unterwegs und doch immer bei der Firma. Bei *b4b* hat man das Konzept der Anwesenheit aufgegeben, man »bespricht« sich über Video, Chat und Messaging-Dienste und lässt die Mitarbeiter wählen, ob sie zu Hause, im Coworking-Space oder in anderen Umgebungen arbeiten möchten. Kein Wunder, dass wir Katharina Schaary dann auch in einem Coworking-Space in Hamburg getroffen haben. Dort hat sie uns gezeigt, wie sie mobil ihre Projekte organisiert und dass dieses Konzept auch Teil einer Führungskultur ist, die nicht auf Bestehendem beharrt oder gar alte Führungsriten verteidigen will, sondern sich immer weiterentwickelt. Sie verkörpert das kollaborative Führen, das eine Spitzenposition nicht als Endpunkt sieht, sondern als Ausgangspunkt der eigenen Weiterentwicklung.

Bei Führung geht es nicht nur darum, eigene Ziele zu erreichen, sondern darum, gemeinsam mit anderen etwas zu erreichen. Wie kann das gelingen, wie gelingt Führung heute?
Katharina Schaary: Aus meiner Sicht braucht Führung folgende Dinge: Für mich geht es bei Führung nicht im klassischen Sinne um eine Top-down-Führung, sondern eher um das Aufbauen auf der jeweiligen Erfahrung in einem bestimmten Feld und ein Gewinnen aus den unterschiedlichen Perspektiven. Es ist also eher eine Form der gegenseitigen Weiterentwicklung, indem sich Führung zu Teammitglied, Teammitglied zu Führung oder auch Teammitglied zu Teammitglied gegenseitig fordern und fördern. Ein Begriff, der es aktuell für mich trifft, ist das »Growth Mindset« auf beiden Seiten mit gleichzeitiger Akzeptanz von aktuell noch bestehenden Grenzen in den Fähigkeiten. Dies bedeutet konkret, dass beide Seiten Feedback geben und nehmen und sich so Erfolge spiegeln und Weiterentwicklungsmöglichkeiten aufzeigen. Das ist für mich eine Form der »Menschlichkeit«. Damit meine ich, dass dem Mitarbeiter oder Teammitglied zugehört wird und aktiv versucht wird, die Perspektive und Sichtweisen des

anderen zu verstehen. Dazu gehört auch implizit, dass der Mensch gegenüber ernst genommen wird, und auch, dass es gewünscht ist, dass Teammitglieder ihre Persönlichkeit mit zum Job mitbringen. Zu Menschlichkeit gehört für mich auch, dass Unwissenheit als normal betrachtet wird und nicht vorausgesetzt wird, dass eine Führungsperson oder ein Teammitglied alles wissen muss und kann. Als Voraussetzung braucht es dafür gegenseitiges Vertrauen. Denn natürlich entsteht dadurch eine Form der Angreifbarkeit, die von beiden Seiten nicht für Politik oder Ausüben von Macht ausgenutzt wird. Es braucht das Entwickeln eines Zielbilds oder einer Vision, und dabei muss immer wieder Raum für Fragen geboten werden, die das Verständnis schärfen, damit Weiterentwicklungen entstehen können.

Also Fragen wie: Wo wollen wir hin? Warum machen wir das? Dafür gilt es auch die Rahmenbedingungen zu schaffen, um das Zielbild verfolgen zu können und gemeinsam ein Rahmenwerk für die Arbeit zu entwickeln. Und gleichzeitig das »Rolemodeling« anhand der Vision und des Rahmenwerks, was für mich eine Form der Glaubwürdigkeit und Authentizität entstehen lässt. Offenheit und Neugier sind für mich wichtige Aspekte für das Treffen von Entscheidungen und das Entwickeln von Lösungen. Beide ermöglichen, dass Input von anderen berücksichtigt oder angenommen wird und auch andere Meinungen und Perspektiven zugelassen werden. So werden von Entscheidungen betroffene Teammitglieder frühestmöglich miteinbezogen und die Stärken jedes Einzelnen bestmöglich genutzt. Auch beim Thema Entscheidungen spielen Kommunikation, Vertrauen und Glaubhaftigkeit eine wichtige Rolle: Teams müssen mitgenommen werden, Entscheidungen und ihre Gründe und Implikationen transparent und nachvollziehbar kommuniziert werden. So bedeutet auch das Ändern oder Verwerfen von Entscheidungen keinen Gesichtsverlust, sondern im Gegenteil: Dies baut nach Möglichkeit sogar Vertrauen auf, lässt Führung menschlich wirken und ermöglicht auch das Lernen aus Fehlern. Führung nimmt regelmäßige und permanente Reflexion als Bereicherung wahr und schafft den entsprechenden Freiraum dafür. Dies ist die Voraussetzung für die Weiterentwicklung jedes Einzelnen, der Organisation und des Umgangs miteinander.

Letztlich ist Führung für mich nicht etwas Fixes oder ein Kriterienkatalog, sondern etwas, das sich stetig weiterentwickelt. Führung ist etwas, das auf Fähigkeiten aufbaut, die die permanente Weiterentwicklung ermöglichen und die Voraussetzungen innerhalb der Organisation dafür schaffen können.

Und wie geht das in der Praxis? Wie entwickelt ihr euch weiter bei der Führung von Teams?
Katharina Schaary: Ganz wichtig: Führung definiert sich nicht durch eine Position, sondern durch die Erfahrung, die jeder Einzelne mitbringt. So wird die Verantwortung von Führung bei uns verteilt und je nach Kontext kann ein Teammitglied eine Führungsrolle einnehmen. Konkret machen wir das in regelmäßig stattfindenden 1:1s, in denen sich beide Teilnehmer gegenseitig Feedback geben (Erfolge und Weiterentwicklungspotenzial), in dem wöchentlichen Austausch innerhalb der gesamten Company und in Anfragen von Input und Sparring. Außerdem findet dies bei uns auch oft statt, wenn zwei Personen eine ähnliche Rolle einnehmen und sich so über die ähnlichen Erfahrungen und Herausforderungen austauschen. Jeder von uns hat außerdem die Möglichkeit, neue Impulse in der gesamten Company zu teilen. Fehler werden offen geteilt und das Teilen wird als Bereicherung gesehen. Es zieht also keine Nachteile für mich nach sich, wenn ich offen Fehler und Learnings teile. Im Gegenteil verspüre ich in solchen Situationen eher eine Form der Wertschätzung von meinen Teamkollegen. Wichtig dabei ist, nicht allein in dem Fehler bzw. der Herausforderung zu bleiben, sondern lösungsorientiert nach vorne zu schauen. Ich würde es so beschreiben, dass wir auf Augenhöhe kommunizieren wollen. Das ist teilweise noch eine Herausforderung, die strukturell Vorgesetzten zu hinterfragen oder zu kritisieren. Da sind wir noch in der Entwicklung, aber es findet statt und ist von den Vorgesetzen gewünscht.

Außerdem haben wir unseren Purpose immer weiter geschärft und schaffen Räume, um gemeinsam darauf zu schauen. Wir bemühen uns auch, Richtungsänderungen innerhalb der Company oder auch im Kleineren von Projekten sehr offen zu reflektieren. Auch in der Kommunikation haben wir mehr Offenheit ermöglicht. Es wird immer Raum für Fragen geschaffen, Kritisches kann ohne Bedenken angesprochen werden. Wir systematisieren so unsere Reflexionen und den offenen Austausch je nach Kontext in verschiedenen Formaten. So machen wir in verschiedenen Leveln Retrospektiven (Teamlevel, Organisation) und Diskussionsformate und nutzen diese durch das Ableiten von konkreten Handlungen für unsere Weiterentwicklung. Dabei mussten wir uns auch weiterentwickeln von sehr abstrakten Next Steps zu kleinen und konkreten Experimenten, die zu unserem Purpose und Zielbild beitragen. Also: Wir versuchen das Rahmenwerk unserer Arbeitsweisen regelmäßig weiterzuentwickeln, um so viel Klarheit wie möglich zu erlangen. Dies zeigt für mich, dass wir immer mehr

Vertrauen und damit ein »Safe to Try«-Mindset aufbauen und erweitern und damit eine wichtige Voraussetzung für geteilte Führung schaffen.

Wenn du auf deine bisherige Arbeit als Führungskraft blickst, gibt es da ein Motto oder einen Leitspruch für dein Verständnis von Führung?
Katharina Schaary: Noch nicht so richtig, da ich meine Führungsrolle erst so richtig seit diesem Jahr reflektiere … Für mich ist es wichtig, dass ich anderen zuhöre und ihre Sichtweise nicht herunterspiele, sondern ernst nehme. Vielleicht so was wie: Be open, listen and ask a lot of (and sometimes tough) questions.

Creativity: Typische Hindernisse !

Seien wir ehrlich. Sie haben beim Lesen dieses Kapitels mehrmals gedacht: »Jetzt kommen die mit Design Thinking. Ich kann es nicht mehr hören und sehen. Und von Post-its habe ich auch langsam die Nase voll. Das ist doch alles nur die neueste Managementmode.« Dieser Kommentar begegnet uns regelmäßig, wenn wir rund um Creativity ins Gespräch gehen. Auch das Thema Fehlerkultur kann zu einem deutlichen Hindernis werden, wenn Teammitglieder sich scheuen, mit aus ihrer Sicht unfertigen (und damit fehleranfälligen) Ideen oder Lösungen ins Kundengespräch zu gehen.
Was wir außerdem immer wieder erleben: Ein Team oder ein Bereich eines großen Unternehmens erarbeitet im Innolab oder mithilfe eines Prototypings hoch motiviert neue Lösungsansätze. Die Arbeit im Lab macht den Teammitgliedern Freude – schließlich sieht es hier ganz anders aus als an ihrem Schreibtisch mit dem Rechner, vor dem sie sonst tagtäglich sitzen. Die Ideen sind gut, es fließt nur so, sie sind stolz auf sich und ihren Spirit. Dann allerdings kommt es zu einer harten Landung in der Realität: Die Übertragung des MVPs in den Unternehmensalltag will einfach nicht gelingen. Irgendwie sind sie nicht anschlussfähig mit ihrer Idee, ist ja auch alles noch nicht fertig … Und schneller, als sie je damit gerechnet hätten, landen ihre coolen Ideen in der Schublade. Willkommen zurück im Unternehmensalltag.
Ein weiteres Hindernis ist so wesentlich, dass wir es an dieser Stelle nicht unerwähnt lassen können: Für echtes Feedback braucht es Vertrauen, Mut und Offenheit. Es braucht die Bereitschaft zuzuhören, zu reflektieren und gegebenenfalls das Verhalten zu ändern. Wir sind diese Form des offenen und regelmäßigen Umgangs mit Feedback nicht gewohnt – und deshalb findet Feedback in den Unternehmen, die wir kennen, leider weitgehend einseitig und auch nur vereinzelt statt. Von einer Feedbackkultur sind die meisten Teams und Unternehmen weit entfernt.

Lösungsansätze

Diese typischen Creativity-Hindernisse begegnen uns in mittelgroßen wie auch in großen Unternehmen und Organisationen immer wieder: Eine grundsätzliche Methodenskepsis. Das Festhalten an den Gepflogenheiten der deutschen Ingenieurskultur, die keine Fehler

toleriert. Die nicht zu überbrückende Distanz zwischen Innolab und Schreibtisch. Die Weigerung, in einen echten offenen Austausch miteinander zu gehen.
Wir plädieren dafür, die kreativen Prozesse, die Sie in Ihrem Unternehmen starten, möglichst nah an das Tagesgeschäft heranzuholen. Gehen Sie nicht ins Lab, bleiben Sie »zu Hause«. Überlegen Sie dennoch, wie Sie den Perspektivwechsel für Ihr Team gestalten können – raus aus der Getriebenheit des Alltagsgeschäfts, rein in eine Logik, die Gedankenaustausch, Ideen und Kreativität befördern. Schaffen Sie eine Feedbackkultur in Ihrem Team, die Sie langsam, aber kontinuierlich aufbauen. Entwickeln Sie gezielt die dafür erforderlichen Kompetenzen, beispielsweise über Feedback- und Konflikttrainings. Es wird Rückschläge geben. Weisen Sie auf diese hin und versuchen Sie es von Neuem. Öffnung und Kreativität benötigen einen Kulturwandel. Und der braucht Zeit.

5.3 Consent – Austausch und Auseinandersetzung

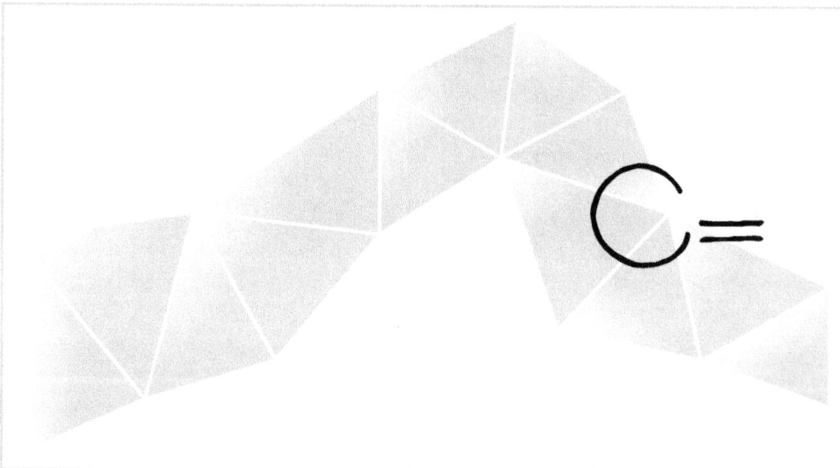

Wie können wir so zusammenarbeiten, dass wir nah am Kunden sind und die Lösungen liefern, die Kunden wirklich brauchen?

5.3.1 Mehrwert für Kunden schaffen

Die *ING-Bank* in Deutschland, ehemals *ING-Diba,* hat sich genau diese Frage gestellt. Sie hat sich einen fundamentalen Wandel zum Ziel gesetzt, sie will sich zu einer agilen Bank transformieren, sie sieht im digitalen Wandel, im Wandel der Kundenbedürfnisse die Herausforderung, sich tiefgreifend zu ändern. Und das ausgehend von der Frage: »Warum gibt es uns?« Auch wenn der Begriff »agil« strapaziert ist, fast schon im Buzzword-Verdacht steht, setzt kaum ein anderes Großunternehmen derart konsequent auf Agilität wie die *ING*. Nahezu sämtliche Teams, Abteilungen und eingespielten Prozesse werden im Zuge der Transformation aufgelöst; statt Abteilungen werden Tribes und Squads gegründet, jede Führungskraft muss sich neu auf eine Position als sogenannter Tribe Lead bewerben.

Die *ING-Bank* ist die drittgrößte Privatkundenbank in Deutschland und beschäftigt rund 4.000 Mitarbeiter. Da kann man sich ungefähr ausmalen, was es bedeutet, sich komplett umzukrempeln, was es heißt, dass aus Baufinanzierungssachbearbeitern und Abteilungsleitern nun »Product Owner« oder »Tribe Leads« werden.

Product Owner statt Fachexpertin

Für die Bank mit einem Geschäftsvolumen von 288 Milliarden Euro geht der Weg nur noch über den Komplettumbau. Warum sie das machen? Gegenüber *brand eins* sagte einer der Firmensprecher: »Wir wollen schneller wachsen und unsere Kundenbasis verdoppeln. Wir wollen der digitale Leader unserer Branche sein. Agilität ist nicht unser Ziel, sondern das Mittel, um diese Ziele zu erreichen.« Im Zeitalter des Negativzinses lasse sich mit Girokonten kaum Geld verdienen, deshalb will die Bank ihren Kunden mehr Kredite und Wertpapiere verkaufen. Sie will innovativer, effizienter und vor allem schneller werden. Mit klassischen Abteilungsstrukturen, starren Hierarchien und zähen Prozessen sei das kaum zu schaffen. Wenn etwas charakteristisch für den Umbau der *ING* ist, dann die Schnelligkeit.

Und schnell heißt schnell. Die *brand eins* hat den Umbau begleitet und beschreibt, wie die Geschwindigkeit auch die Agilität beschleunigt (Willenbrock 2018):

> »Projekte werden in einzelne Anforderungen (sogenannte User Stories) zerteilt, die die Teams in sogenannten Sprints abarbeiten. Nach jeweils zwei Wochen wird Zwischenbilanz gezogen, eventuell neu justiert. In diesem gleichmäßigen und für alle gültigen Rhythmus soll künftig die gesamte Bank arbeiten.«

Um diesen Umbau zu bewältigen, hat die Bank zusätzlich 40 Coaches installiert. Das sind sogenannte Agile Coaches, die meist aus dem Unternehmen kommen und sich entsprechend fortgebildet haben. Sie sollen die Kollegen ermuntern, den Wandel mitzugestalten – und auch neue Regeln zu entwickeln. Nichts soll mehr so sein, wie es war. Alles steht zur Disposition. Und das wohl aus gutem Grund.

Agilität als Nachwuchsgarant

Laut einer Studie der Unternehmensberatung *Boston Consulting Group* aus dem Jahr 2017 (Boston Consulting Group 2017) mit Firmen aus zehn Branchen und 40 Ländern verzeichnen agile Unternehmen bis zu fünfmal höhere Margen und ein stärkeres Wachstum als ihre Branchenkonkurrenten. Ein wichtiger Aspekt der Transformation ist auch die Rekrutierung von Nachwuchs. Neue Bewerber haben wenig Interesse, sich in die hierarchischen Strukturen von einst zu integrieren. Sie wollen früher Verantwortung übernehmen – sie wollen agil arbeiten. Deshalb wird die *ING-Bank* wohl nicht das letzte Unternehmen bleiben, das den organisatorischen Komplettumbau angeht.

5.3.2 Arbeit effizienter organisieren

Der Medizingerätehersteller *B. Braun* in Melsungen hat zuletzt auch eine kleine Revolution ausgelöst. Statt die Arbeit weiter über Organigramme und Hierarchien zu organisieren, hat das Unternehmen im Jahr 2017 in ausgewählten Abteilungen begonnen, aufgabenbezogene Circles zu bilden. Das Prinzip dahinter: Rund um die Aufgaben gründen sich flexible Arbeitsteams, in denen bisherige Führungskräfte und Mitarbeiter gleichberechtigt arbeiten. Diese Circles agieren autonom, transparent und vernetzt.

Es ging *B. Braun* darum, die Arbeit effizienter zu organisieren, »Bottlenecks« bei der Entscheidungsfindung zu vermeiden und schneller zu Ergebnissen zu kommen. In traditionellen Organisationen entstehen Entscheidungen meist über Vorgaben eines Einzelnen, zum Beispiel eines weisen Patriarchen. Moderne Organisationen sind anders: Das Wissen vieler fließt in die Entscheidungen mit ein, nicht nur das Bauchgefühl eines Einzelnen. Entscheidungen sind hier eher das Resultat einer multidisziplinären Kooperation als das Resultat von Hierarchien. Und sie sind auch das Resultat von Auseinandersetzungen.

5.3.3 Auseinandersetzung: Was ist erlaubt – und was nicht?

Grundsätzlich muss dem Begriff »Auseinandersetzung« der negative Klang genommen werden. Eine Auseinandersetzung ist wichtig, sie ist nicht Streit, nicht Herabwürdigung des anderen – sie ist nötig, um in Unternehmen und Projekten voranzukommen.

So zeigt eine aktuelle *Gallup*-Studie (2019) auf, wie gefährlich es für Führung wird, wenn man nur von Jasagern umgeben ist. Wenn vieles unausgesprochen bleibt, wenn Bedenken nicht geäußert werden, weil hierarchische Strukturen dies nicht zulassen oder weil man Gefahr läuft, unergründliche Empfindlichkeiten zu berühren, ist keinem geholfen – am wenigsten dem Unternehmen. In einer agilen Welt müssen Auseinandersetzungen schnell und intensiv geführt werden. Wer kann schon sicher sagen, wohin die Reise geht, wer kann sich über Ideen und Meinungen anderer hinwegsetzen? Im Besitz der absoluten Wahrheiten ist nach Lage der Dinge keiner. Umso wichtiger ist der Austausch mit anderen. Das kann aber nur funktionieren, wenn es feste Regeln für Auseinandersetzungen gibt, wenn klar ist, was erlaubt ist – und was nicht.

Die Autoren zeigen auf, wie man dieser Gefahr mit drei Herangehensweisen entgehen kann:

1. Demonstrate that you're all on the same team.
2. Make sure you can handle the truth.
3. Let people do the jobs you hired them for.

Wer sich verächtlich äußert, wer denjenigen persönlich angeht, der nicht mit der eigenen Meinung übereinstimmt, wer ausfällig wird, wer abwertende Gesten macht, kann kaum etwas zum konstruktiven Diskurs beitragen. Das sind Machtspiele. Das ist keine Auseinandersetzung. Deshalb legt das Team zuvor die Regeln für Auseinandersetzungen fest, und dann wird um Ideen und Vorschläge gerungen. Nur so wird es möglich sein, den Consent zu erlangen. Wir übersetzen »Consent« mit »Zustimmung«, mit »etwas, auf das sich alle einigen können«. Sich auf den Consent zu einigen ist so entscheidend wie sich auf einen Purpose zu einigen. Wer überzeugt ist, wer zustimmt, wird später die Entscheidung mittragen und die Umsetzung einer Idee entsprechend konzentriert und überzeugt angehen. Es werden eben nicht mehr Aufgaben verordnet, sondern es wird um Zustimmung gerungen.

Wie sieht das in der Praxis aus? Fragen wir jemanden, der es wissen muss: Achim Hensen, Gründer und Geschäftsführer der *Purpose-Stiftung*, die Unternehmen dabei begleitet, sich selbst zu gehören. Zuvor arbeitete er bei *Next Practice* und verantwortete danach die Organisationsentwicklung bei *Traumferienwohnungen.de*:

> »Es geht darum, gemeinsam eine Entscheidungskultur, ein gemeinsames Entscheidungsverständnis zu entwickeln, wie auch immer das aussieht – das ist der eigentlich wichtige Punkt. Auch da gilt das Gleiche wie mit den Führungskräften: zu schulen, welche Entscheidungsmethoden es gibt. Und pro Situation entscheiden zu können: Ist das jetzt eine Situation, wo wir im Konsent oder Konsens oder im Beratungsentscheid oder nach dem Prinzip ›Ich mach einfach‹ vorgehen? In dem Moment, wo ich in der Gesamtorganisation die Fähigkeit erzeuge, das besser zu entscheiden und dann auch noch die richtigen Entscheider auszuwählen, dann wird's wirklich intelligent.«

Hensen sagt noch etwas ganz Entscheidendes: »Es geht mir gerade um die Förderung des Dissens. Es braucht allein ein gemeinsames Verständnis für Entscheidungsformate.«

Bei der *ING* gibt es deswegen eine Reihe von festlegten Meeting- und Entscheidungsformaten wie Daily Stand-ups, POCLACs, Chapter Meetups und den QBR-Prozess. All diese Formate, auch »Events« genannt, dienen dazu, Entscheidungen herbeizuführen und gemeinsam zu treffen – und zwar im gesamten Unternehmen.

5.3.4 Tragfähige Entscheidungen treffen

Unlängst waren wir zu einer Beratung in einem Technologieunternehmen. Der Geschäftsführer wollte eine neue Strategie implementieren und bat uns, gemeinsam mit seinem Team den Prozess in Gang zu bringen. Letztendlich wollte er mit dieser Maßnahme um Zustimmung werben. Einfach verordnen konnte er die neue Vorgehensweise nicht, weil eine Verordnung »von oben« immer die Gefahr birgt, dass sie von den Mitarbeiterinnen und Mitarbeitern nicht mitgetragen wird. Also setzten wir auf das Consent-Prinzip und initiierten einen Zustimmungsprozess. Das bedeutet im Wesentlichen, dass möglichst viele aus dem Team ihre Meinung, ihre Erfahrung einbringen, dass diskutiert wird – dass lange diskutiert wird. Das kann mitunter sehr viel Zeit beanspruchen – Zeit, die sich ein Team, eine Führungskraft aber nehmen sollte. Allein um der Aussicht willen, die Maßnahmen später auf der Basis einer stabilen Zustimmung umzusetzen.

Als hilfreich hat sich dabei auch ein Abstimmungsverfahren erwiesen, das auf Zustimmung setzt. Dann stimmt das Team über ein Projekt, einen Prozess, eine Maßnahme ab. Auch das kann zu einer Lösung führen. Bei Widerstand wird weiterdiskutiert. Das mag sich nach unendlichen Rederunden anhören, nach einem ewigen Hin und Her – aber wenn man bedenkt, wie viele Change-Prozesse scheitern, weil Mitarbeiter diesen nicht mittragen, geht durch eine intensive Auseinandersetzung keineswegs Zeit verloren.

Was verloren geht – zum Glück verloren geht –, sind die Machtspiele. Vor dem Hintergrund einer zunehmenden Flexibilisierung der Arbeitswelt verpufft auch die Autorität im klassischen Sinne. Zumindest schränkt sie die Möglichkeit von Vorgesetzen ein, Macht auszuüben.

Warum ist der »Abschied von der Macht« für uns so wichtig? Blicken wir auf das, was wir unter »Macht« verstehen – und warum »Macht« im alten Sinne ausgedient hat.

Augenhöhe statt Unterordnung

Die Beschäftigung mit den Spielregeln von Macht verlangt zunächst einmal eine kurze Auseinandersetzung mit der Frage, was Macht ist und was sie kennzeichnet. Vielfach werden mit dem Thema Macht unrealistische und verdinglichte Vorstellungen verbunden. Macht wird wie ein Gegenstand betrachtet, der einem gehören kann, den aber nur wenige tatsächlich besitzen und gegen die größere Anzahl an »Machtlosen« einsetzen können. Macht bekommt schnell den Beigeschmack von Missbrauch, Gewalt und einer ausnutzenden Einflussnahme.

Dabei gibt es menschliche Beziehungen ohne Macht ebenso wenig wie menschliche Beziehungen ohne Affektivität. Macht ist ein alltäglicher Mechanismus unserer Existenz, ein wesentlicher Aspekt zwischenmenschlicher Beziehungen. Damit sie wirken kann, müssen einige Bedingungen erfüllt sein, die bestimmten Menschen die Möglichkeit geben, Einfluss auf das Verhalten anderer auszuüben. Da Macht immer in einem Tauschverhältnis funktioniert, hat jemand nur so lange Macht, wie andere ihm diese zugestehen. Im Laufe der Geschichte hat sich Macht als Instrument zur Regulierung von Konflikten und zur Durchsetzung von Interessen etabliert und ist dabei immer mit der Erwartung von Sanktionen verbunden. In Unternehmen handelt es sich dabei um die Androhung des Arbeitsplatzverlustes oder des Verlustes von Status, Position und/oder bestimmten Privilegien. Macht gilt als das bevorzugte Mittel der Steuerung von Arbeitsprozessen und wird durch Führungskräfte ausgeübt.

Allerdings ist das Verständnis von Macht derzeit einem gravierenden Wandel unterworfen. Wo Macht einst fest an die Hierarchie und damit an ein Über- und Unterordnungsverhältnis gekoppelt war, haben wir es heute immer häufiger mit Führungskräften zu tun, die mit ihren Mitarbeitern ins Gespräch kommen wollen, und zwar auf Augenhöhe. Dahinter steht die Erkenntnis, dass Erfolg und Ergebnisse nur im Zusammenspiel aller Beteiligten möglich sind. Die Macht der Führung fokussiert sich daher darauf, eine Vertrauenskultur zu etablieren, in der sich Mitarbeiter aus eigenen Stücken für eine gemeinsame Vision starkmachen, die auch ihre individuellen Interessen widerspiegelt. Das erfordert von der Führung eine Hinwendung zu der Haltung, die wir als »Collaborative Leadership« bezeichnen. Und in der Auseinandersetzung, wie wir sie empfehlen und initiieren, hat Macht im herkömmlichen Sinn nichts verloren. Sie wäre kontraproduktiv. Denn die »alte Macht« will ihre Ideen durchsetzen, will nicht um Zustimmung werben. Doch künftig wird es ohne den Consent nicht gehen.

! **Consent**

Eine Kultur der Auseinandersetzung etablieren

Den weisen Entscheider, der immer weiß, was zu tun ist, in dessen Kopf sich die Ideen bilden, die das Unternehmen weiterbringen – nun ja: Diesen Entscheider wird es nicht mehr geben. Künftig wird um Ideen mehr gerungen. Eine gesunde Kultur der Auseinandersetzung bewirkt, dass sich die beste, die stabilste, die tauglichste Idee durchsetzt.

Gemeinsames Entscheidungsverständnis schaffen

Entscheidungen müssen von allen getragen werden. Wenn Entscheidungen nur exekutiert werden, wenn Mitarbeiter nur ausführende Organe sind und bei der Lösungsfindung nicht einbezogen wurden, wird die Umsetzung immer heikel sein. Deshalb kann das Ziel nur sein, von Anfang an gemeinsam Lösungen zu suchen und ein gemeinsames Verständnis davon zu schaffen, wie Entscheidungen getroffen werden. Ganz gleich, für welches Verfahren man sich entscheidet – wichtig ist, dass die Einigung verbindlich ist und diese dann wirklich gelebt wird.

Selbstorganisation fördern
Die Dinge laufen lassen – das umschreibt sicher die angemessene Haltung moderner Führungskräfte. Das hat nichts mit Gleichgültigkeit zu tun, das dient der Stärkung der Selbstorganisation. Denn die positiven Folgen der Selbstorganisation von Mitarbeitern sind: Mut und Neugier. Beides sehr gute Voraussetzungen, um neue Wege zu gehen.

Vertrauenskultur leben
Wer Selbstorganisation und Verantwortungsübernahme in seinem Team oder seiner Organisation will, der kommt an einer Erkenntnis nicht vorbei: Kontrolle hat ausgedient. Es lebe das Vertrauen in die Leistungsbereitschaft und -fähigkeit des Einzelnen!
Eine solche Kultur des Vertrauens zu leben ist anspruchsvoller, als man spontan meinen würde. Denn ein Großteil der heute gelebten und etablierten Führungsinstrumentarien zielt eben immer noch auf eines ab: die Kontrolle des Fortschritts und der Zielerreichung. Ersetzt wird diese Kontrolle durch radikale Transparenz und das Vertrauen darauf, dass jede/r die Verantwortung für den eigenen Beitrag übernehmen wird.

»I'm obliged to reach consensus«

Schmidt und Rosenberg (2014) widmen in »How Google Works« dem Thema Consent ein eigenes Kapitel. Und der 2015 von der *Harvard Business Review* als #1 CEO gewählte Lars Sorensen von *Novo Nordisk* beschreibt sein Verständnis von Führung entsprechend:

> »I have a scandinavian leadership style, which is consensus-oriented. I'm obliged to reach consensus with my colleagues on all decisions, and if we can't, any objections need to be reported to the board. [...] I don't like this notion of the ‹best performing CEO in the world'. [...] I would say I'm leading a team that is collectively creating one of the world's best performing companies.«
>
> (Ignatius/McGinn 2015)

Mit Consent ist nicht ein erzwungener Konsens gemeint, sondern der Prozess der Auseinandersetzung um die beste Idee, das beste Argument und die besten Belege dafür. Es geht darum, aus den verschiedenen Perspektiven eine gemeinsame dritte Position zu finden, die dann tragfähig ist. Daraus entstehen neue Ideen, neue Produkte, neue Ansätze. Aber es braucht eine Kultur der Auseinandersetzung und keine

Kultur der Kompromisse. Consent bedeutet dann, aus der Auseinandersetzung heraus eine gemeinsame Lösung zu finden. Und Schmidt und Rosenberg verwenden für ebendiese Kultur noch einen weiteren Begriff: »obligation to dissent«. »Dissent« beschreibt laut Wikipedia (o. J.) »a sentiment or philosophy of non-agreement or opposition to a prevailing idea«.

Konsent ohne Hierarchie

Start-ups schaffen es häufig, eben diese Kultur zu etablieren. Sie müssen dies aufgrund der begrenzten Zeit und finanziellen Ressourcen häufig zwangsläufig tun, aber sie schaffen es auch. Diese Kultur bekommt auch noch von einer anderen Seite Unterstützung: Mit den grundlegenden Veränderungen in Wirtschaft und Gesellschaft (zusammengefasst unter den Stichworten Digitalisierung, Wissensarbeit, Globalisierung, Generationswechsel, Ende der Hierarchie) geht vor allem auch eine Veränderung der Kommunikation in Organisationen einher. Kommunikation ist nicht nur verfügbarer, transparenter und allgegenwärtig – Kommunikation ist selbst auch enthierarchisiert. Sie findet in den sozialen Netzwerken statt, ist nicht mehr von einer Position aus steuerbar und wird zur zentralen Ressource von Führung. Diese setzt dann auf die Förderung der Auseinandersetzung, die Ausgestaltung der Arenen für Argumente und die Gestaltung der Entscheidungsprozesse.

5.3.5 Die drei Prinzipien der Selbstorganisation

Wie werden Entscheidungen in Organisationen getroffen, die auf den Prinzipien des Selbstmanagements basieren? Es gibt drei Prinzipien bzw. Charakteristika, die Selbstorganisation ausmachen. Diese drei Charakteristika ergeben zusammengenommen eine Organisation, die sich in erster Linie responsiv an den Anforderungen der Arbeit ausrichtet und weniger an den hierarchisch geprägten Bedürfnissen von Individuen, die bestimmte Positionen in einem Organisations-Chart innehaben.

1. Teams bilden die Struktur und werden so zu den essenziellen Bausteinen der Organisation. Die Gesamtstruktur einer Organisation wird durch die Fokussierung auf Teams sehr viel stärker aufgebrochen, sehr viel weniger linear aufgebaut und gewinnt dadurch an Flexibilität.
2. Die Teams steuern und organisieren sich selbst. Gleichzeitig sind sie eingebettet in eine übergeordnete Struktur. In Holacracy-basierten Organisationen spricht

man von einer übergreifenden »Constitution«. Aus der Konstitution leiten sich die Teams, ihre Aufgaben und auch die Arbeitsweise ab, die die Teams sich für ihre Arbeit geben. So kann es beispielsweise sein, dass jedes Team sich wieder eine Sub-Konstitution gibt, in der es seine Arbeitsweisen, Verbindlichkeiten, Zuständigkeiten und Verantwortlichkeiten festhält.
3. Führung ist kontextabhängig – sie verteilt sich nicht auf Individuen, sondern auf Rollen. Da jede Person verschiedenste Rollen innehat, ist sie in einem Thema möglicherweise im Lead, in einem anderen Thema eher in einer beitragenden Rolle zu finden.

Letztlich handelt es sich hierbei um den Versuch, ein Organisationsdesign zu finden, das sich viel stärker an den persönlichen Fähigkeiten der Mitarbeitenden ausrichtet, als dies in traditionellen Organisationsformen möglich ist. Es geht darum, die richtige Dosis von Selbstmanagement mit den Anforderungen an Hierarchie und Stabilität zu koppeln, die die jeweilige Organisation hat – in Start-ups sind diese Anforderungen andere als in einer deutschen Großbank.

> »Ultimately, and somewhat ironically, the next generation of self-managing teams is demanding a new generation of leaders—senior individuals with the vision to see where it is best to set aside hierarchy for another way of operating, but also with the courage to defend hierarchy where it serves the institution's fundamental goals.«
>
> (Bernstein et al. 2016: 49)

Gleichzeitig geht es auch um eine sehr klare, faktenbasierte Entscheidungsfähigkeit, teilweise müssen harte Schnitte unternommen werden. Als Führungskraft »you have to paint the best picture you can, get the top 100 people to buy into it, and drive change throughout the organization« (Nadir Mohamed in: McKinsey Quarterly 2016: 103).

Die Fahrt mit dem Bus

Jim Collins hat eine viel zitierte Analogie zu Führung entwickelt, an die sich Brian Halligan, CEO und Gründer von *HubSpot*, erinnert, um sein eigenes Führungsverständnis zu beschreiben: Nach Collins hat Leadership drei wesentliche Verantwortlichkeiten, die mit dem Bild einer Busreise beschrieben werden können: Zunächst braucht Führung eine klare Idee davon, wohin die Reise gehen soll. Zweitens geht es darum, die richtigen Personen in den Bus und auf den richtigen Sitz zu bekommen. Die Mitfahrer sollten der Fahrtrichtung zustimmen, diese aktiv unterstützen und bereit dazu sein, ihre Rolle im Team zu übernehmen. Und drittens ist es die Verantwortung der Führung, dafür zu sorgen, dass der Bus über einen ausreichend großen Tank und alle anderen technischen Voraussetzungen für eine sichere Fahrt verfügt.

> »The bus trip analogy is a back-to-basics approach to decision making that I try to use when I look at HubSpot and the leaders on my team. If you stick with the bus analogy, it'll help you with any micromanaging tendencies that most CEOs, including myself, have.«
>
> (Halligan 2016)

Und er erklärt, worum es bei Consent nicht geht: um einen Kompromiss!

> »Nothing kills a scale-up like the uninspired compromise. The more managers sitting in the room with strong opinions and good arguments, the more likely you are to come up with an uninspired compromise. Everyone might be happy, but uninspired compromises tend to be conservative by nature.«
>
> (Halligan 2016)

Summa summarum ist es eine Kultur der Auseinandersetzung, die ein anderes Entscheidungsverhalten befördert. Wenn das beste Argument zählt, verschiedene Perspektiven integriert werden, dann braucht es auch für das Treffen von Entscheidungen einen anderen Prozess. Das gilt selbstverständlich nicht für jede Entscheidung in jeder Situation, aber als Grundmuster ist es fester Bestandteil von Collaborative Leadership.

Und wie kann Entscheidung heute bewusst in Richtung Consent gestaltet werden? Wir haben jemanden gefragt, der es wissen muss: Christian Rüther, Experte für Soziokratie, agile Selbstorganisation und kollegiale Führung.

Interview mit Christian Rüther, Experte für Soziokratie, agile Selbstorganisation und kollegiale Führung

»Jede Führungskraft kann so ein Experiment wagen.«

Welche Führung braucht Selbstorganisation?

Christian Rüther: Laloux hat drei Rollen gefunden, die der ehemalige Boss in einer evolutionären Organisation noch innehat (vgl. dazu Laloux 2015, Kapitel 3.1:

- Repräsentant (Gesicht nach außen)
- Hüter der Selbstorganisation (sozialer Architekt)
- Rollenvorbild für Selbstorganisation

Mir persönlich taugt dies als erste Einteilung. Häufig ist die Führungskraft der Außenminister und der Repräsentant nach außen, das Gesicht des Teams oder der Organisation. So eine klare Ansprechperson gibt der Welt draußen Sicherheit, Kontinuität und Verlässlichkeit. Da ist jemand, der zuständig ist, alles im Griff hat und verlässlich ist. Unabhängig jetzt davon, wie es im Innen ausschaut.

Als sozialer Architekt sorgt die Führungskraft für ein gelingendes Modell von Selbstorganisation. Wie auch immer es ausschaut. Ob du von der Stange das Modell der Soziokratie, Holokratie, S3 oder die kollegiale Führung nimmst – oder ein eigenes Modell mit dem Team strickst. Die Führungskraft ist für die Etablierung und das Funktionieren des sozialen Rahmens verantwortlich.

Damit hängt auch die Vorbildfunktion zusammen. Die Mitarbeiter schauen sich sehr kritisch an, ob die Führungskraft auch das lebt, was sie predigt, ob sie wirklich Macht abgibt, anderen Entscheidungsspielräume gewährt, gleichwertig in der Beschlussfassung ist und loslässt. Das braucht viel Zeit und Geduld.

Detlef Lohmann beschreibt in seinem Buch »Und mittags geh ich heim« immer wieder, dass er Fragen seine Mitarbeiter nach: »Wie soll ich das machen?« beantwortet mit: »Wie würdest du es gerne machen?«. Er nimmt den Köder nicht auf, er geht auf die Chef-Angebote der Mitarbeiter nicht ein, sondern überlässt ihnen konsequent ihre Entscheidungsverantwortung. In dem Fall wandelt sich die Rolle vom Entscheider zum Coach.

Ricardo Semler hat sich ein Vetorecht bei allen wesentlichen Entscheidungen eingeräumt und nie angewandt. Er meinte, dass er damit das Vertrauen in die demokratische Mitbestimmung erschüttert hätte und die Mitarbeiter dann gedacht hätten: »Ja, wenn der Chef eh dann in brenzligen Situationen ein Veto einlegt, wozu soll ich mich als Mitarbeiter dann einbringen? Ich werde ja eh überstimmt!«

Wie kann man in selbstorganisierten Teams zu wirksamen und verbindlichen Entscheidungen kommen?
Christian Rüther: Durch Klarheit in der Entscheidungsfindung und eine gute Moderation.

Meiner Ansicht nach gibt es acht Entscheidungsmöglichkeiten:
1. Führungskraft entscheidet allein
2. Führungskraft entscheidet nach Konsultation
3. Team entscheidet im Konsens
4. Team entscheidet im Konsent
5. Team entscheidet mit systemischem Konsensieren
6. Team entscheidet nach Mehrheitsentscheid
7. Rollenträger entscheidet nach Konsultation
8. Rollenträger entscheidet allein

Die Führungskraft oder das Team gemeinsam sollte ganz klar und schriftlich festlegen, wer welche Entscheidungen treffen darf, und eine Entscheidungsmatrix erstellen.

Eine Hilfe dazu kann das Spiel »Entscheidungspoker« sein, das eine Adaption von Apellos Delegationspoker ist: http://www.soziokratie.org/entscheidungspoker/. Gemeinsam werden Entscheidungen identifiziert wie z. B. Budget, Neueinstellung, Prozesse oder die Verteilung von Aufgaben. Jedes Teammitglied sowie die Führungskraft legen dann eine Karte von 1 bis 8 verdeckt auf den Tisch. Danach werden alle Karten offengelegt und gemeinsam diskutiert, warum jeder meinte, dass die Entscheidung so und so getroffen werden sollte.

Am Ende entscheidet die Führungskraft, ob und wie sie ihre Macht für einen Zeitraum von z. B. drei Monaten abgibt. Das ist eine zeitlich begrenzte Entscheidungsmatrix, die dann nach drei Monaten evaluiert und angepasst wird.

Am allerliebsten ist mir persönlich, dass sich die oberste Führungskraft oder das Team auf Konsent als Entscheidungsmodell für alle Grundsatz- und Rahmenbedingungen entscheidet. Das wäre die neue Standardeinstellung und dann kann im Einzelfall auch im Konsent eine andere Entscheidungsform gewählt werden. Ich bin einfach Soziokrat und das sorgt für den Wechsel von Autokratie zur Soziokratie.

Gerade das Konsent-Entscheidungsverfahren hat eine klare Struktur mit drei Phasen – Informations-, Meinungs- und Entscheidungsphase – und einigen Regeln wie den Runden, d. h. nacheinander reden statt durcheinander. Das hilft sehr und je mehr du davon abkommst, desto schwieriger wird es in der Praxis. Ich habe das auch in einem ZOE-Artikel so beschrieben (Rüther 2019).

Wo hast du diese Art der Entscheidungsfindung schon mal selbst erlebt?
Christian Rüther: In der Zeit von 2008 bis 2011 war ich Mitglied im deutschen Soziokratiezentrum. »Zentrum« klingt groß, aber am Ende waren wir nur zu dritt und haben alle Grundsatzentscheidungen im Konsent getroffen und unsere Arbeit in Rollen/Kreisen aufgeteilt. Das war schon lustig, weil du dir immer klar werden musstest, in welcher Rolle, in welchem Setting spreche ich jetzt mit der gleichen Person. Mein Kollege war zum einen meine Führungskraft im Trainingskreis und zum anderen war es umgekehrt im Marketingkreis.

In der Zeit von 2011 bis 2016 habe ich zwei virtuelle Teams in der Gemeinwohlökonomie koordiniert und moderiert. Wir haben uns jeweils zwei Mal im Jahr für ein Wochenende getroffen und ansonsten virtuell zusammengearbeitet, weil wir alle in unterschiedlichen Städten gewohnt haben. Grundlage war der Konsent im Gesamtteam sowie eine klare Rollenaufteilung. Die »Geschäftsführung« haben dann am Ende drei Personen gestaltet mit monatlichen Telkos – auch im Konsent.

Inzwischen habe ich ca. zehn bis zwölf Organisationen in der Soziokratie begleitet und unzählige Entscheidungen im Konsent moderiert.

Was würdest du Teams raten, auf jeden Fall bei der Einführung von Konsent zu beachten?
Christian Rüther: Beim Konsent ist die Schulung und das Training on the Job enorm wichtig. Normalerweise begleitet ein externer Experte einen Kreis für sechs Sitzungen, wobei er ab der vierten Sitzung die dann gewählte Moderation unterstützt und supervidiert.

Gerade bei der Integration von Einwänden braucht es eine gute Klarheit und Fokussierung, sonst artet es leicht in unnötige Diskussionen aus. Je unerfahrener ein Kreis, desto wichtiger ist ein erfahrener Moderator.

Für den Konsent braucht es auf jeden Fall eine gemeinsame Vision, weil es ja bei jeder Entscheidung heißt: Habe ich einen schwerwiegenden Einwand im Hinblick auf das gemeinsame Ziel? Dabei ist die Vision eine bessere Welt außerhalb des Teams und stellt die Frage nach dem wirklichen Kundennutzen meiner Angebote. Es muss nicht immer eine »weltverbesserische« Vision sein, aber es braucht auf jeden Fall eine gemeinsame Ausrichtung.

In der Soziokratie gibt es die Grundregel: Die Führungskraft darf nicht auch noch Moderator eines Kreises sein. Die Gefahr besteht, dass alte Verhaltensmuster gegenüber der Führungskraft bestehen bleiben. Wenn der Kreis hingegen sieht, dass sich auch die Führungskraft von der Moderatorin führen lässt, wirklich »nur« gleichwertig in den Runden ist, dann stärkt dieses Verhalten das Vertrauen in den Ansatz. Zudem hat die Führungskraft an sich schon zwei Rollen: die der Führungskraft und die des einfachen Kreismitgliedes.

Jede Führungskraft kann so ein Experiment wagen. Einfach einen externen Moderator einladen, ein Thema für den Konsent freigeben und ausprobieren, wie es sich für die Führungskraft und die Mitarbeiter*innen anfühlt. Wenn das hilfreich war, kann das Experiment auf alle Grundsatzentscheidungen ausgedehnt und für drei bis sechs Sitzungen weiter ausprobiert werden. Nachher wird evaluiert, wie es war, und agil weiterentschieden.

Immer schrittweise Erfahrungen sammeln, auswerten und weitere Schritte planen. Das ist die dynamische Steuerung in der Soziokratie.

Es braucht auf jeden Fall Zeit, diese Moderationsform zu lernen und sich daran zu gewöhnen. Das Reden nacheinander ist sehr gewöhnungsbedürftig zu Beginn. Auch der verantwortungsvolle Umgang mit der hohen Macht der Einzelperson braucht Übung und Reflexion. Und die Integration von schwerwiegenden Einwänden ist keine triviale Arbeit und der Lackmustest für jeden Moderator: Wie gelingt es in schwierigen Situationen, weiterhin offen, zugewandt und konstruktiv zu bleiben, auch wenn die Zeit tickt und einige Teilnehmer jetzt gerne ein Entscheidung hätten?

Dass das Prinzip des *Konsent*, oder wie wir sagen: *Consent*, auch gezielt zur Mitarbeiterentwicklung eingesetzt werden kann, zeigt die Studie von Grote und Goyk (2018), in der sie Führungsstile der letzten Jahrzehnte der agilen Führung gegenüberstellen.

»Vom unwilligen Arbeiter zum Meister der Selbstorganisation« – so könnte man die Entwicklung des Menschenbildes beschreiben, das den Managementtheorien der vergangenen Jahre zugrunde liegt. Dass diese unterschiedlichen Blicke auf die Mitarbeitenden ganz verschiedener Führungsstile bedürfen, liegt auf der Hand. Während die Führungskräfte des letzten Jahrhunderts durch enge Führung und Kontrolle versuchten, die als eher arbeitsunwillig eingeschätzten Arbeiter zu Höchstleistungen zu treiben, gab es in der darauf folgenden Theoriegeneration zumindest einen Wandel hin zu einem positiven Bild der Arbeitenden, die eine gewisse Leistungsbereitschaft mitbrachten. Auch die Erkenntnis, dass nicht jeder Mensch gleich arbeitet, setzte sich durch – situative Führung gewann dadurch an Bedeutung, die Stärken jedes Mitarbeiters sollten gestärkt, seine Schwächen abgeschwächt werden.

Das Menschenbild, das der agilen Führung heute zugrunde liegt, baut auf diesem Bild auf – es geht jedoch weit darüber hinaus und beschreibt einen Menschen, der nicht nur zu Leistung bereit ist, sondern der sich stets entwickelt, wenn man ihm ein großes Maß an Freiheit und Vertrauen gewährt.

Consent als Prinzip der kollaborativen Führung spielt hier eine doppelte Rolle – es ist Arbeitsweise und Führungsinstrument in der Mitarbeiterentwicklung zugleich. Diese ist damit im Alltag angekommen: Durch die ständige Auseinandersetzung und durch kontroverse Diskussionen in der Teamarbeit entstehen Räume für die gezielte Entwicklung der Mitarbeiter – Methoden wie regelmäßiges gegenseitiges Feedback zur Zusammenarbeit im Team können als wirksame Alternative zu jährlichen Mitarbeitergesprächen eingesetzt werden.

Michael Alber, COO bei *Axel Springer Ideas Engineering*, setzt bei der Zusammenarbeit auf Selbstorganisation und Feedbackkultur. Um das umzusetzen, vertrauen sie bei *Axel Springer Ideas* sogenannten »Social Contracts«, in denen auch Leitlinien für Führung vorgegeben sind, wie Alber im Interview berichtet.

Interview mit Michael Alber, COO *Axel Springer Ideas Engineering*, Berlin

»Eine gute Führungskraft macht sich selbst überflüssig.«

Bei *Ideas Engineering* geht ihr bei Führungsfragen bereits neue Wege und habt damit gute Erfahrungen gemacht. Wie wird aus deiner Sicht künftig Führung organisiert und was muss eine gute Führungskraft heute leisten?
Michael Alber: Ich persönlich glaube an möglichst wenig Hierarchie, vielmehr aber an thematisch sinnvoll gebündelte Organisationseinheiten. Diese sollten aus 25 bis 35 Personen bestehen, aus Personen, die bei größeren Firmen idealerweise in Netzwerken arbeiten. Und jede dieser Organisationseinheiten braucht Führung, die sich um die Themen Vision, Strategie und Finanzen und Impediment Removal kümmert. In den jeweiligen Einheiten arbeiten die Teams fachlich geführt und weitestgehend selbstorganisiert innerhalb von Leitsätzen und Leitplanken, die zwar von der Führung vorgeschlagen, aber gemeinsam als »Social Contract« verabschiedet werden.

Und wie sieht die Umsetzung eines »Social Contracts« aus, worauf muss geachtet werden, damit eine neue Kultur der Führung und eine neue Kultur der Zusammenarbeit gelebt werden kann?
Michael Alber: Klassische disziplinarische Aufgaben werden bei uns auf Basis der »Social Contracts« in den Teams oder zwischen den Teams gelebt. Das betrifft beispielsweise die Organisation von Urlauben, Homeoffice und Weiterbildung. Dabei wird die klassische Führungsrolle von Agile Coaches unterstützt, die lateral versuchen, zwischenmenschliche Probleme aus der Welt zu schaffen. Die Coaches sind auch dazu da, Themen wie Feedbackkultur zu treiben, und helfen, den Purpose und die Mission mit verschiedensten Methoden präsent zu halten. Die Führungskraft ist darüber hinaus maximal transparent und berichtet dem Team regelmäßig von Chancen und Herausforderungen am Markt.

Hast du einen Rat oder einen Leitspruch für gute Führung?
Michael Alber: Eine gute Führungskraft versucht stets, sich selber überflüssig zu machen, wird aber ständig von den Teams gebraucht.

Consent: Typische Hindernisse !

»Und wenn es darauf ankommt, dann entscheidet doch immer Max Müller.« Diesen Satz hören wir häufig, nur die Namen ändern sich. In vielen Organisationen wird versucht, Entscheidung auf eine breitere Basis zu stellen. Aber das kann leicht dadurch ausgehebelt werden, dass bei schwierigen, anspruchsvollen, komplizierten, weitreichenden oder manchmal auch ganz alltäglichen Entscheidungen doch wieder die eine Person die Entscheidung trifft. Und wenn Sie sich ganz ehrlich fragen: Wie oft treffen Sie eine Entscheidung, obwohl eigentlich abgemacht war, dass Sie diese Entscheidung gemeinsam mit anderen – im Team, in einem Gremium, in einem Prozess – treffen werden? Und wahrscheinlich haben Sie auch immer einen guten Grund dafür, die Entscheidung dann doch allein getroffen zu haben.
Dieses Hindernis ist sehr typisch für die Etablierung einer Consent-Kultur. Alle wollen alles richtig machen, doch wenn es eng wird, fällt man auf das zurück, was man gut kennt und gut kann: eben selbst entscheiden. Um dieses Hindernis von vornherein auszuschließen, kann man ein paar Spielregeln einführen: Sich immer erst einmal vergewissern, ob jetzt wirklich ganz dringend eine Einzelentscheidung notwendig ist; die anderen bitten, sofort Feedback zu geben, wenn es wieder passiert ist; Entscheidungen transparent machen.
Und damit sind wir schon beim nächsten Hindernis: Oft ist in Organisationen gar nicht klar, ob jetzt eigentlich eine Entscheidung ansteht oder nicht. Das kann dann auch dazu führen, dass wieder ein Einzelner eine Entscheidung trifft. Da kann es hilfreich sein, ein Signal zu verabreden, das deutlich zeigt, dass jetzt eine Entscheidung getroffen wird oder getroffen werden muss. Ein Team von Führungskräften hat sich dazu zum Beispiel verschiedene Karten gegeben, mit denen dieses Signal ausgelöst wird. Eine einfache, am Anfang etwas albern anmutende Regel, aber sehr wirkungsvoll.
Manchmal besteht das Hindernis aber auch darin, dass diejenigen, die entscheiden sollen, gar nicht entscheiden wollen. Und zum Teil haben sie dafür wirklich gute Gründe. Hier sind wir dann beim Thema Befähigung, Empowerment und Akzeptanz. Manchmal muss man erst dafür sorgen, dass Mitarbeiter und Kollegen dazu in der Lage sind, Entscheidungen zu treffen. Vielleicht haben sie schon zu oft erlebt, dass ihre Entscheidung angezweifelt wird. Oder dass hinter ihrem Rücken doch wieder »Max Müller« gefragt wird. Vielleicht wissen sie auch nicht, nach welchen Kriterien entschieden wird. Und manchmal ist es auch die Angst davor, dann die Verantwortung wirklich übernehmen zu müssen. Hier hilft es, in die Entwicklung der Mitarbeiter und Kollegen zu investieren und sie zu befähigen, Entscheidungen zu treffen. Denn die heutigen Organisationen sind zu komplex, als dass Entscheidungen von nur wenigen getroffen werden können. Es braucht möglichst viele, die Entscheidungen treffen, und dies möglichst abgestimmt.

5.4 Communication – mehr und anders kommunizieren

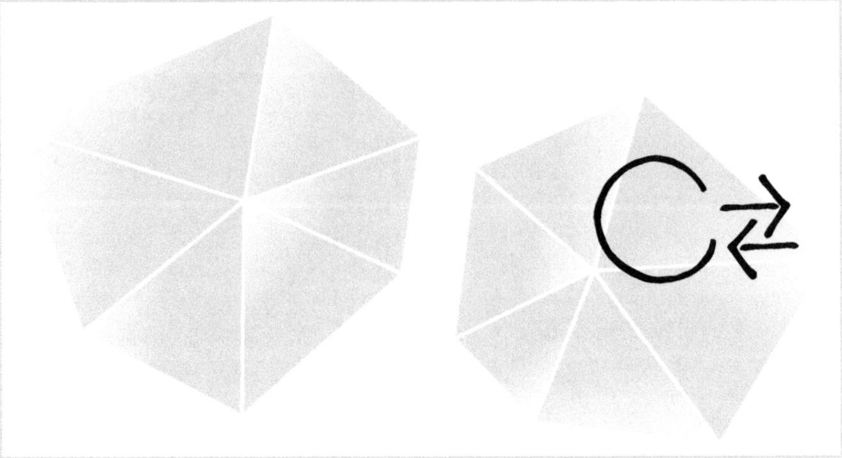

Es ist das alte Problem: Innerhalb des Unternehmens wird erkannt, dass sich etwas ändern muss. Man erkennt, dass die alten Strukturen nicht mehr greifen, dass die Silo- und Zuordnungsfolkloren ausgedient haben. Vor allem erkennen es die Mitarbeiter, auch das mittlere Management und auch die meisten von außen. Nur ganz oben, auf dem sogenannten C-Level, da herrscht die Überzeugung: »Wir müssen auf jeden Fall etwas ändern, wir brauchen im Unternehmen Change, und zwar so schnell wie möglich … nur eben nicht bei uns.«

Diese Situation erlebten wir jüngst auch bei einem mittelständischen Chemieunternehmen in Nordrhein-Westfalen. Die Führungsetage wollte den Wandel – also den Wandel in der Belegschaft, nicht bei sich selbst. Aber das konsequent. Zunächst sollte als erste Idee ein neues Leadership-Modell umgesetzt werden, ein »Agile Leadership«, und dabei sollten Themen wie Agilität in die täglichen Abläufe integriert werden. Wir bekamen die Anfrage, ob wir das Unternehmen bei diesem Change-Prozess begleiten wollen.

Verstaubte Strukturen

Einige Zeit später standen wir dann in einem vom Unternehmen angemieteten Tagungshotel, um mit Führungskräften unterhalb des C-Levels den Wandel einzuleiten. Dieser Ort allein war schon bemerkenswert: Es war ein Hotel im Wald, ein Tagungshotel der ganz alten Schule. Man zeigte uns den Tagungsraum, ein tristes

Zimmer, weit entfernt von den New-Work-Idealen der Metropolen – keine Farben, keine Lounge-Anleihe, nur ein altes Flipchart. Ein richtiges Hinterzimmer, trostlos und weit entfernt von der Aufbruchstimmung, die vom Unternehmen ausgehen sollte.

Auf den ohnehin schon angejahrten Möbeln lag der Staub. Es gab nicht einmal Post-its. Alles wirkte wie von gestern. Und in gewisser Weise stand der Ort symbolisch für ein Verharren in einer alten Welt, für ein Gestern, für eine aussterbende Form der Zusammenarbeit. Unsere Aufgabe war es nun, in dieser Atmosphäre aus Staub und Trostlosigkeit den Aufbruch ins Neue zu gestalten. Obwohl nichts in diesem Raum in die Zukunft wies, war er im Grunde der beste Ort, um zu starten – und das alles hinter sich zu lassen. Denn das Setting war bezeichnend für die Diskrepanz zwischen dem Anspruch, ein modernes Unternehmen mit moderner Führung zu sein, und einer Realität, auf die sich dick der Staub legte.

5.4.1 Die richtigen Fragen stellen – und zuhören

Das Unternehmen hatte uns zunächst für drei Tage gebucht. In diesem Hinterzimmer. Wir sollten die Teilnehmer, Frauen und Männer aus dem mittleren Management, auf den anstehenden Change-Prozess vorbereiten. Die Ausgangslage war vorgegeben: Der Chemiekonzern selbst sieht sich als global agierendes Unternehmen, in dem der Begriff oder vielmehr die Haltung »Agile Leadership« bis 2025 innerhalb der Führungsebene beworben und umgesetzt werden soll. Allerdings im Sinne von: »Macht mal!« Nicht im Sinne von: »Wir machen es euch vor! Wir leben es euch vor!« Das ist nicht selten der Fall.

Dann begannen wir. Wie man eben beginnt mit Führungskräften, die Veränderungsbedarf sehen, sich aber etwas ausgebremst fühlen: Man hört zu. Man stellt die richtigen Fragen. Oft sind es die einfach formulierten Fragen, die am tiefsten blicken lassen:

- »Was ist die Aufgabe von Führung?«
- »Warum gibt es uns als Unternehmen?«
- »Worin liegt der Sinn der Tätigkeit?«

Aus diesen vermeintlich harmlosen Fragen entzündet sich häufig eine Diskussion, eine tief gehende Diskussion. Das haben wir in unseren Beratungen häufig erlebt. So auch in dieser Runde. In einem ersten Workshop geht es immer darum, der Belegschaft den gemeinsamen Zweck oder besser: den Sinn vor Augen zu führen. Warum strengen wir uns im Unternehmen gemeinsam an? Warum machen wir das? Warum versuchen wir, gemeinsam das Beste zu geben?

Bei entsprechender Gesprächsführung, die jedem Raum und Zeit gibt, sich zu äußern, schafft man ein wichtiges Fundament für den weiteren Prozess. Im Grunde geht es darum, dass den Einzelnen bewusst wird, was die andere / den anderen bewegt. Ohnehin erweist sich die Frage nach dem »Warum« als ein elementarer Start jedes Change-Prozesses.

»Warum eigentlich?«

Leider wird die Frage nach dem »Warum« nicht immer schlüssig beantwortet, vor allem nicht auf der Leitungsebene. Es wird zwar gesagt, wir machen dies und jenes, es werden viele Maßnahmen und Change-Programme angekündigt, neue Prozesse und Abläufe werden in Aussicht gestellt – aber häufig bleiben die Vorgesetzten dann das Warum schuldig. Warum machen wir das eigentlich? Warum wollen wir neue Führungsideale? Warum wollen wir Abteilungen wegfallen lassen? Warum glauben wir an Agilität?

Die Crux ist: Wer nicht sagt, warum er etwas macht, wird nicht immer alle mitziehen können. Wer das Warum schuldig bleibt, erreicht nicht immer, was ihm vorschwebt. Die einen in der Belegschaft denken, der Chef folgt nur einer Mode – der hat ein Seminar besucht, lässt inzwischen auch die Krawatte weg, weiß aber selbst nicht, warum das Unternehmen das machen soll. Die anderen sind misstrauisch und glauben, jede neue Maßnahme führe ohnehin nur dazu, dass Stellen abgebaut würden. Deshalb ist eine schlüssige Antwort auf das Warum so zentral.

Und deshalb ist das Warum auch so entscheidend für den Beginn einer zielgerichteten Kommunikation – und damit sozusagen der erste Baustein unseres 4C-Modells, der gleichzeitig einen Link zum Baustein Contribution bildet.

Wir stoßen in unseren Workshops daher immer zunächst Fragen an, die um das Warum kreisen. Wir wollen, dass sich Mitarbeiterinnen und Mitarbeiter nicht nur mit dem Sinn auseinandersetzen, sondern darüber hinaus beginnen, sich besser zu verstehen. Wie beispielsweise im beschriebenen Workshop: Wir hatten einen Rahmen geschaffen, in dem es um das Warum ging.

5.4.2 Verstanden werden – endlich!

Und auf einmal ging ein Mann aus der Logistikabteilung nach vorne und erklärte, warum er einen bestimmten Vorgang – ein Transportthema – im Unternehmen für höchst sicherheitsrelevant hält. Bisher wussten die meisten von seiner Vorgabe nur: Das dürfen wir nicht machen. Man hielt sich irgendwie dran, meist aber auch nicht. Nun konnte er endlich und in aller Ausführlichkeit begründen, warum der Vorgang sicherheitsgefährdend ist, was das bedeutet, warum er genau in diesem Punkt strikt handelt, warum er da diese Beharrlichkeit aufbringt.

Es war sicher das erste Mal, dass dieser eher zurückhaltende Mann so ausführlich und auch eindringlich mit den Kolleginnen und Kollegen sprach. Man merkte ihm an, dass es ihm darum ging, verstanden zu werden, dass er wollte, dass die Kollegen seine Beweggründe begreifen, wie froh er war, endlich die Chance zu haben, sein »Warum« zu erläutern.

Und das ist der beste Start für Veränderung: verstanden zu werden – und vor allem zu kommunizieren, sich auszutauschen. Ein elementarer Beitrag in einer sich wandelnden Welt.

5.4.3 Collaborative Overload durch ständige Erreichbarkeit

Unternehmen und Organisationen sind einem permanenten Wandel unterworfen. Zum einen herrscht hoher Innovationsdruck, das Kerngeschäft kann schnell angegriffen werden. Aber Innovationen gelingen nur, wenn ein Unternehmen den entsprechenden Rahmen schafft. Wer nur auf Tradition setzt, auf ein »Weiter so!«, wird es schwer haben, erstens auf dem Markt zu bestehen, und zweitens, seine Mitarbeiter für Innovationen zu begeistern. Das bedarf Führung, das bedarf Kommunikation, das bedarf eines neuen Modells von Leadership.

Aber auch hier gibt es eine Schattenseite: Ständige Erreichbarkeit per E-Mail oder Handy und viele Reisen gehören häufig zu einer kollaborativen Arbeitsweise dazu – das kann überfordern und die Zeit für konzentriertes individuelles Arbeiten und reflektierte Entscheidungen drastisch reduzieren. Für die Überlastung, die durch Kollaboration entsteht, haben Cross et al. (2018) den Begriff des »Collaborative

Overload« geprägt – eine Situation, in der man sich zu vielen Kollaborationen verpflichtet, um noch effektiv zu arbeiten.

Cross et al. (2018) führen als Hauptstressoren von organisationeller Seite eine Kultur der ständigen Erreichbarkeit, schwierige Vorgesetzte und fordernde Klienten auf. Das eigene Mindset und Verhalten sind jedoch Schlüsselfaktoren, die reflektiert werden müssen und überarbeitet werden können, um Kollaborationen optimal zu nutzen. »Collaborative Overload« entsteht hauptsächlich auf zwei Wegen: plötzlich, durch spontane Überlastung oder langsam, als »slow burn«. Er kann einerseits entstehen, wenn ein Mitarbeiter spontan Projekten zustimmt, die seine Kapazitäten eigentlich übersteigen. Menschen dieses Überlastungstyps wollen gern überall dabei sein und können daher Kollaborationen schlecht ablehnen. Auf der anderen Seite betrifft Überlastung Menschen, die organisationsweit als »Helfer« bekannt sind – sie wissen immer, wo alles zu finden ist, werden in Notfällen hinzugerufen und auch nach Feierabend noch mit Fragen kontaktiert. Diese ständige Beschäftigung führt jedoch häufig dazu, dass die Personen keine Kapazität für wichtige Projekte haben. Spätestens dann, wenn man sich überlastet fühlt, ist es wichtig herauszufinden, warum man sich zu viele Projekte aufgeladen hat.

Laut dem Forscherteam kommt es dann vor allem auf individuelle Lösungen an. Die betroffenen Mitarbeitenden sollten erkennen, wie sie agieren, um danach ihre Rolle zu restrukturieren. Auch das eigene Netzwerk sollte hinterfragt werden: Wer unterstützt und wer zieht Kraft? Und die eigene Zeitplanung sollte einmal auf den Prüfstand kommen.

5.4.4 Kommunikation effektiver gestalten

Wie kann man also produktiv bleiben? Cross et al. (2018) raten dazu, möglichst proaktiv die eigenen Grenzen zu definieren und die eigene Kommunikation effektiver zu gestalten. Statt endloser Meetings können digitale Kollaborationstools eingesetzt werden – es geht aber auch darum, zu erkennen, wann es effizienter ist, ein kurzes persönliches Gespräch einem langen digitalen vorzuziehen.

Communication !

Kommunikation der Organisation gestalten

Um von den Ideen und Meinungen aller zu profitieren, muss Kommunikation ermöglicht werden. Silo- und Zuständigkeitsdenken sorgen für Sprachlosigkeit. Deshalb müssen »Grenzen« überwunden und neue sowohl virtuelle als auch physische Kommunikationsräume geschaffen werden. Nicht die top-down weitergegebene Information ist es, worum es hier geht. Vielmehr sprechen wir über echte Dialoge, die im Rahmen der neuen Formate möglich werden.

Face-to-Face- und digitale Tools vereinbaren

Erreichbar zu sein ist gut. Dank moderner Kommunikationskanäle können Mitarbeiter ständig und von wo auch immer mit der Führungskraft in den Dialog treten. Echte Bindung braucht jedoch regelmäßige Face-to-Face-Termine. Im Gegenübersitzen lassen sich auch Missverständnisse besser ausräumen. Face-to-Face-Termine müssen für beide Seiten verbindlich festgelegt und regelmäßig durchgeführt werden. Gleichzeitig gilt es, digitale Tools wirksam einzusetzen. Soziale Netzwerke, Sprach- und Messagingdienste sind für viele Führungskräfte noch ein Buch mit sieben Siegeln. Sei es aus Furcht oder Unwissenheit: Immer noch werden viele digitale Möglichkeiten nicht genutzt. Dafür kann es eigentlich keinen einzigen Grund geben.

Sich aktiv als ganze Person einbringen

Der Chef, der sich im Eckbüro verschanzt, Gesprächen aus dem Weg geht, ständig weg ist, ganz selten durch das Großraumbüro huscht und höchstens über Stellvertreter kommuniziert, gehört der Vergangenheit an. Eine Führungskraft muss sichtbar und ansprechbar sein – verlässlich und jederzeit. Dabei zeigt sie auch Seiten von sich, die sie angreifbar oder gar verletzlich werden lassen. Ohne Risiko keine Authentizität.

Offenheit lädt zu Offenheit ein. Wer als Führungskraft immer nur darauf wartet, dass sich ein Mitarbeiter zum Gespräch meldet, wird nicht viel über das Klima und das Unternehmen erfahren. Es muss offensiv das Gespräch gesucht werden. Für eine Führungskraft bedeutet es keinen Autoritätsverlust, aktiv in die Interaktion zu gehen. Im Gegenteil.

Soziale Netzwerke aufbauen und gestalten

Am Anfang ist es vielleicht nur eine WhatsApp-Gruppe, später ein unternehmensweites Social-Media-Tool, wie auch immer: Die Vorteile sozialer Medien sollten auf jeden Fall genutzt werden. Denn mit keinem anderen Kommunikationsinstrument können so schnell so viele Menschen in die Entscheidungsfindung einbezogen werden.

5.4.5 Organizational Communication

Was aber verstehen wir unter einer geglückten Kommunikation? Für uns ist es bei der Definition von Kommunikation ganz wichtig, zwischen zwei Modellen zu unterscheiden. Wir halten uns da an die beiden Sozialwissenschaftler Boris Groysberg und Michael Slind, die ein Modell von Organizational Communication entworfen haben, das sie der Corporate Communication gegenüberstellen (Groysberg/Slind 2012). Corporate Communication entspricht der klassischen hierarchischen Vorstellung: Die Information wird top-down an die Mitarbeiterinnen und Mitarbeiter weitergegeben, Nachrichten und Informationen werden veröffentlicht. Das Topmanagement kontrolliert, die Mitarbeiterinnen und Mitarbeiter konsumieren. Diese Art der Kommunikation ist reaktiv und geschieht ad hoc.

Organizational Communication hingegen ist persönlich und direkt. Die Führungskräfte sprechen *mit* den Mitarbeiterinnen und Mitarbeitern und nicht *zu* ihnen. Organizational Communication ist von Anfang an auf Dialog angelegt. Es gibt eine klare und bekannte Kommunikationsagenda und die Beschäftigten nehmen aktiv an der Gesamtkommunikation teil. Kommunikation ist keine Einbahnstraße, keine reine Verlautbarung von »ganz oben«.

Klar ist: Organizational Communication stellt natürlich ganz andere Anforderungen an Führungskräfte. Wir erleben heute in vielen Organisationen, dass dies von Führungskräften erwartet wird und zugleich an vielen Stellen sowohl Instrumente als auch Kompetenzen dafür fehlen. Wer stärker in Netzwerken statt in Silos arbeiten will, muss sein Team befähigen können, eigenständiger und selbstverantwortlicher zu handeln, muss kommunizieren, viel mehr kommunizieren. Er muss ansprechbar sein, muss sich einbringen, aber auch loslassen.

5.4.6 Sprechen wie die Start-ups

Deshalb versuchen wir sowohl in unseren Leadership-Development-Programmen als auch in unseren Beratungsprojekten, die »Kommunikation der Organisation« als wichtigen Bezugspunkt in den Fokus zu rücken und Führungskräften zu vermitteln, dass sie Teil davon sind. Hier kann man auch von Start-ups lernen. Start-ups haben grundsätzlich eine hohe Affinität zu neuen Technologien, arbeiten oft multidisziplinär und setzen beim Aufbau ihrer Unternehmen auf »Trial and Error« – sie probieren mit kleinen Budgets viele neue Ideen aus und riskieren bewusst, mit den meisten davon zu scheitern. Start-ups sind mutig im Umgang mit Neuem, sie bremsen Entwicklungen nicht mit ständigen Verweisen auf gelebte Tradition, das Know-how oder die Kompetenzen, sie probieren einfach aus – und setzen dabei vor allem auf Kommunikation, auf den permanenten Austausch.

Diese Kommunikation wirkt häufig chaotisch. Von außen scheint es, als gäbe es gar keine Struktur in der Kommunikation. Dieses »A berichtet an B« und »C berichtet an B« ist nicht zu finden. Gerade wenn man die kaskadenförmige Kommunikation in etablierten Unternehmen als Beispiel nimmt, macht es in Start-ups oft den Eindruck, dass es gar keine Kommunikation »von oben« gibt. Und das wirkt dann auf den ersten Blick unorganisiert.

Die Initialzündung erleben

Wir sind häufig in Start-ups unterwegs, schauen, wie die es machen, und das Bemerkenswerte ist immer die Kommunikation. Sie stellen sich kurz zusammen an ein Whiteboard, machen ein Stand-up-Meeting oder treffen sich in einer Ecke zum Kaffee. Genau das ist aber eine echte Ressource: Die täglichen Stand-up-Meetings, die kurzen Treffen in Form von sogenannten Daily Scrums, der Austausch über Instant Messaging und die vielen Gespräche auf dem Flur, in Sitzecken und beim Frühstück sind Musterbeispiele organisationaler Kommunikation. Und genau da sollten Organisationen und die Menschen in ihnen ansetzen, einen Umgang mit den neuen Kommunikationsmöglichkeiten zu finden, zu lernen – oder dafür eine Initialzündung zu erleben. Dies kann in einem Workshop geschehen oder von der Führungsebene vorgelebt werden.

5.4.7 Sichtbar werden, ansprechbar sein

Die Aufgabe der Führung ist es künftig, Organizational Communication zu ermöglichen und einen Gesprächsfluss zu gestalten, der echte Kommunikation stattfinden lässt. Dazu gehört eben auch, dass Führungskräfte sich selbst immer in den Prozess einbringen. Hier ändert sich etwas grundlegend: Es geht darum, als Person sichtbar zu werden, sich aber nicht als Einzelplayer oder gar Heldin in Szene zu setzen. Diese Ambivalenz beschreiben viele unserer Gesprächspartner in den Workshops. Die Ambivalenz wird erlebt, aber der Umgang damit ist sehr unterschiedlich. Eine weitere Aufgabe von Führung ist es, Kommunikation zu ermöglichen, durch die etwas Neues entstehen kann, und gleichzeitig dafür zu sorgen, dass die Kommunikation nicht zur Überlastung führt.

Dabei darf die Rolle der Face-to-Face-Kommunikation auch in digitalen Zeiten nicht unterschätzt werden. Denn trotz aller Vorteile des verteilten Arbeitens und der Geschwindigkeit, die durch Social Media ermöglicht wird, gibt es einige entscheidende Risiken.

5.4.8 Social-Media-Kommunikation mit Missverständnissen

Ein klares Risiko der Social-Media-Kommunikation sind Missverständnisse. Diese entstehen im digitalen Raum sehr viel schneller als im persönlichen Gespräch, da Mimik und Gestik zur Erläuterung der Wortwahl fehlen. Auch führt die häufige Verwendung von beispielsweise Emoticons in der professionellen Kommunikation nicht etwa zur Vermeidung von Missverständnissen, sondern vielmehr zur Zuschreibung von mangelnder Professionalität: »Was genau meint er mit dem Gesicht, das ein Augen zukneift?« Oder: »Warum schon wieder ein Smiley plus ein Daumen nach oben? Liest der sich meine Vorschläge überhaupt durch?«

Insgesamt resultieren aus einer rein digitalen Kommunikation sehr viel häufiger Fehlinterpretationen als aus Face-to-Face-Situationen. Es ist daher fast zwingend, öfter und intensiver den persönlichen Austausch mit den Mitarbeitern zu suchen – trotz Vernetzung, Intranet, mobiler Kommunikation und Social Media.

Die Vorteile der Face-to-Face-Kommunikation liegen auf der Hand: Die nonverbale Ebene hilft bei der richtigen Interpretation der Sprache und getroffener Aussagen. Ein kurzes persönliches Meeting ist oft effizienter als ein stundenlanges E-Mail-Pingpong oder die ständige Unterbrechung wichtiger Tätigkeiten durch parallel laufende Chats. Insbesondere im Gespräch mit Kunden und externen Stakeholdern ist die Bedeutung der persönlichen Kommunikation im Vertrauensaufbau nicht zu unterschätzen.

Zwei Methoden für einen kontinuierlichen Dialog stellt Jimmy Janién (2019) in einem Blogeintrag vor. Bei *Spotify* wurde zuerst der *Team Health Check* als Mittel der Selbstevaluierung entwickelt – der *Leadership Health Check* ist davon inspiriert.

5.4.9 Die Teamarbeit im Check-up

Beim *Team Health Check* geht es darum, dass sich die Teammitglieder für den Zustand des Teams sensibilisieren. Vor welchen Herausforderungen steht das Team? Welche Möglichkeiten sind zu sehen? Mit verschiedenfarbigen Post-its beantworten die Teammitglieder Fragen zu ihrer Zusammenarbeit, zu aktuellen Entwicklungen und grundsätzlich zu den Ergebnissen ihrer Arbeit. Janién empfiehlt, einen solchen Check-up zwei bis viermal im Jahr durchzuführen.

Führungspersonen können aus den Ergebnissen zum einen ablesen, wo sie sich noch verbessern oder ihren Führungsstil anpassen können – zum anderen auch Erwartungen an das Team kommunizieren. Der *Team Health Check* erfüllt aber gerade in Organisationen inmitten von Veränderungsprozessen auch eine weitere wichtige Funktion: Er kann dazu genutzt werden, Prinzipien einer neuen *Art zu arbeiten* einzuüben. Indem die Teammitglieder ihre Pläne und die Zukunftsvision ihrer Arbeit mitgestalten, entwickeln sie selbst die Grundsätze, nach denen sie arbeiten wollen, und steigern damit ihre Ownership.

Leadership Health Check

Beim *Leadership Health Check* kommen mehrere Führungspersonen unterschiedlicher Teams zusammen. Im Unterschied zum *Team Health Check* kommen hier Menschen zusammen, die im Alltag nicht direkt zusammenarbeiten oder die gleichen Ziele verfolgen. Daher geht es hier zunächst darum, sich auf eine übergeordnete geteilte Vision zu besinnen und Fragen zu entwickeln, nach denen die Zusammenarbeit im Hinblick auf dieses Ziel bewertet werden kann. Dieser Prozess löst laut Janién bereits tiefgehende Diskussionen aus, bei denen es beispielsweise darum geht, was gute Führung bedeutet. Für Prozesse wie diese ist natürlich eine Menge Vertrauen notwendig – gleichzeitig ist der *Health Check* aber auch eine vertrauensbildende Maßnahme.

Ein Punkt ist Jimmy Janién besonders wichtig: Transparenz ist zwar wichtig, die Antworten sind jedoch viel offener und ehrlicher und haben eine weitaus größere Wirkung, wenn die Methoden nicht zur Evaluierung eingesetzt werden. Auch wenn es verlockend wäre, die Ergebnisse zu nutzen, um die Performance verschiedener Teams zu vergleichen, erfüllen sie eine andere Funktion: Sie sollen zur Diskussion anregen.

5.4.10 Führung als Dialog

Eine alte Industriehalle dient als Unternehmenssitz. Wenn man auf der Galerie steht, hat man einen Blick auf das gesamte Unternehmen und die Halle wirkt von oben wie eine große Spielfläche. Es sieht bunt, chaotisch, kreativ und divers aus. Junge Menschen arbeiten zusammen. Produkte, Entwürfe, Displays, Menschen, Boxen, Plakate – alles zusammen macht das bunte Bild aus. Hier wird gerade ein Experiment gestartet: Wie kann man Führung gestalten, wenn man auf Ansage, Kritik und Konfrontation weitestgehend verzichtet und stattdessen Führung als Dialog versteht?

Die rund 60 Führungskräfte besuchen alle ein und dasselbe Seminar zum Thema Führung als Dialog. Und da geht es ums Feedbackgeben, Zuhören, Fragenstellen und um die eigene Haltung als Führungskraft. Wie viel man damit erreichen kann, wird schnell klar, da die Teilnehmerinnen und Teilnehmer diese Führung an sich selbst ausprobieren. Was es bedeutet, wirklich zuzuhören, ist ein Aha-Erlebnis. Wie es ist, wenn einem zugehört wird, löst noch mehr Emotionen aus. Und dann die Erleuchtung, dass man mit den richtigen Fragen sehr gut führen kann und Menschen empowert, selbst zu entscheiden. Es ist nur ein Tag, aber ein Tag, der in der Führung sehr viel bewegen kann.

Die Führungskraft als »Sozialarbeiter«

Norbert Krug ist Professor für Immunologie, Allergologie und klinische Atemwegsforschung und seit 2017 geschäftsführender Direktor des Fraunhofer-Instituts für Toxikologie und Experimentelle Medizin ITEM, einem von rund 70 Instituten der Fraunhofer-Gesellschaft. Das ITEM entwickelt neue therapeutische Ansätze, Arzneimittel und Medizintechnik mit Schwerpunkt auf der Atemwegsforschung. Und das ITEM ist dabei, die Zusammenarbeit neu auszurichten und das Thema Führung neu zu denken. Warum man heute als Führungskraft »Sozialarbeiter« sein muss und warum Teams die bessere Lösung sind, erläutert Norbert Krug im Interview.

Interview mit Norbert Krug, Institutsleitung Fraunhofer ITEM

»Ein Begriff, der mir aus der Seele spricht.«

Das ITEM sitzt in Hannover in einem brandneuen Gebäude auf dem Campus. Es ist offen, hell, liegt quer über das Gelände an einer größeren Straße. Die Eingangshalle ist einladend. Mit Professor Krug treffen wir uns in diesem neuen Gebäude. Er sitzt in einem modernen Büro, es herrscht eine angenehme Gesprächsatmosphäre. Es ist ihm ein wichtiges Anliegen, dass sich Führung verändert, eben auch symbolisch: weg von der hierarchisch aufgebauten Behördenstruktur hin zu einer offeneren – er nennt es »sozialeren« – Führung.

Wir erleben einen tiefgreifenden Wandel in der Arbeitswelt und vor allem neue Herausforderungen im Leadership. Welche Führung braucht es deiner Ansicht nach heute?
Norbert Krug: Dazu fällt mir als erstes der Begriff »Collaborative Leadership« ein. Zu diesem Thema haben wir uns ja auch kennengelernt. Das ist ein Begriff, der mir aus der Seele spricht. Das war ja auch ein Ergebnis der Zukunftswerkstatt im Jahr 2017 hier am ITEM. Die hierarchischen Strukturen haben sich überlebt und sind nicht zukunftsfähig. Führungskräfte können nicht einsam an der Spitze stehen, sondern bringen den Teamgedanken in das gesamte Institut hinein. Führungskräfte müssen heute anfassbar sein, erlebbar, nahbar. Die persönliche Kommunikation ist einfach wichtig – dass eine direkte Begegnung passiert und möglich wird und zum Normalfall wird. Ich bemerke, dass das enorm geschätzt wird.

Aus meiner Sicht ist dafür eine hohe Sozialkompetenz erforderlich. Als Führungskraft ist man im Grunde genommen »Sozialarbeiter«: Man erbringt eine soziale Organisationsleistung, damit Menschen in Strukturen in die Teamarbeit kommen. Dass man Impulse setzt, damit dies gelingen kann – das ist eine wesentliche Aufgabe, die ich hier übernommen habe, auf die ich im Grunde genommen so nicht vorbereitet war. Das Thema Kommunikation spielt dabei eine ganz wesentliche Rolle. Ebenso wichtig ist, dass man Unsicherheiten zulässt und aushält. Häufig wird erwartet: Da kommt jetzt die Führungskraft und sagt, wo es langgeht. Das sind ja häufig nicht die besten Entscheidungen, wenn sie eine Person allein fällt. Das wird auch mal an mich herangetragen, dass ich sagen soll, wo es jetzt langgeht. Dem versuche ich zu widerstehen.

Wenn die besten Entscheidungen nicht von einem allein getroffen werden – wie gelingt es euch, einerseits Unsicherheiten auszuhalten und andererseits die richtigen Entscheidungen zu treffen?
Norbert Krug: Wir haben bei uns einen Change-Prozess gestartet. Dabei war für mich ein ganz wesentliches Element die Etablierung eines »Change-Teams«. Mein Ziel ist es, hieraus ein Leitungsteam entstehen zu lassen. Das hat im Institut zu einer ganz wesentlichen Veränderung geführt, denn früher wurden Entscheidungen von einer einzelnen Person getroffen. Der nächste Schritt ist, dass solche Teams auch auf weiteren Ebenen des Instituts etabliert werden. Die Bereiche starten jetzt sogenannte »Management-Boards«, sodass jeder Bereichsleiter sein Team hat. Da sind die Bereichsleiter unterschiedlich unterwegs, um das zu erreichen. Es ist der nächste wichtige Schritt, dass es so ein Team nicht nur auf der obersten Ebene gibt. Was wir bereits haben, sind Projektteams. Hier werden Teams anhand der Erfordernisse einzelner Projekte auch bereichsübergreifend zusammengestellt. Das funktioniert bereits recht gut. Auch angegangen sind wir das Thema Information innerhalb des Institutes. Früher gab es wenige Infokanäle. Beispielsweise haben wir heute die vierteljährlichen Mitarbeiter-Infos, regelmäßige Mail-Infos von der Institutsleitung an alle Mitarbeiter, zahlreiche Jour Fixes auf verschiedenen Ebenen usw. Da holen wir gerade vieles nach. Aktuell beschäftigen wir uns auch mit einer Social-Media-Lösung für die interne Kommunikation im Institut.

Das klingt nach einem tiefgreifenden Wandel. Hast du darüber hinaus so etwas wie einen Leitspruch für Führung?
Norbert Krug: Für mich ist Führung eine Führungsdienstleistung im Sinne sozialer Organisationsleistung. Darin sehe ich die Aufgabe moderner Führung. Und für uns im Wissenschaftsbereich gilt heute: Führen von Experten statt führender Experte. Früher ging es darum, der Top-Wissenschaftler zu sein und zu strahlen, heute geht es darum, ein Team erfahrener Experten zu führen.

Communication: Typische Hindernisse

!

»Ich habe das aber doch ganz deutlich gesagt!« ... Und trotzdem ist es nicht angekommen. Wie oft hören und erleben wir das in Organisationen. Das ist sicher das größte Hindernis: davon auszugehen, dass etwas, das man ein Mal gesagt hat, auch ankommt und verstanden wird. Wirksame Kommunikation ist eine Kommunikation der Wiederholung und der guten Geschichte. Dazu finden Sie in unseren Tools auch ein Vorgehen zum Storytelling (siehe Kap. 7.14). Dieses Storytelling ist eines der wichtigsten Tools, das eine Führungskraft beherrschen muss.

Und ein zweites Hindernis erleben wir auch sehr häufig: Eine gute Absicht verliert ihre komplette Wirkung, weil nicht über die Reichweite, nicht über die Zuhörer, nicht über die Zielgruppe nachgedacht wurde. Es wird völlig abgehoben über etwas referiert, am besten noch mit 120 Folien, das aber eine einfache, emotionale, nachvollziehbare Ansprache braucht.

Und dann gibt es noch ein Hindernis, das echt herausfordernd ist: Alles, was man als Führungskraft tut, wird beobachtet. Auch das, was man nicht tut, gehört dazu. Es geht hier nicht nur darum, Vorbild zu sein, sondern es geht um das Verhalten im Alltag. Um konsistentes, nachvollziehbares Verhalten, das zur Kommunikation passt.

Lösungsansätze

Alle drei Hindernisse können durch ein Vorgehen bearbeitet werden: Sehr viel mehr Zeit in die Kommunikation investieren, sich selbst dabei beobachten, Kommunikation gut planen und auswerten, sich Feedback einholen und an der Kommunikation immer dranbleiben.

6 Welche Führung braucht Agilität?

6.1 Weniger Weisungsbefugnis, mehr Rollen

Kaum ein Buzzword ist heute so populär und gleichzeitig so verbraucht wie »Agilität«. »Ich kann es nicht mehr hören!«, »Was soll das sein?« und »Ja, wir arbeiten schon immer agil« schallt uns vielerorts entgegen. Dabei ist Agilität genau die richtige Antwort auf die Frage danach, wie es in Organisationen gelingen kann, Lösungen für etwas zu finden, das im doppelten Sinne ungewiss ist. Wenn man nicht weiß, was genau das Problem des Kunden ist, und wenn man nicht weiß, wie sich die Umwelt verändern wird – wie soll man dann Lösungen generieren? Und genau hier ist Agilität die Antwort. Durch einen kurzzyklischen Arbeitsrhythmus, der auf kontinuierliches Feedback setzt, und durch Teams, in denen Entwicklung möglich ist, ohne sofort gestoppt zu werden, ist eine kreative Entwicklung von Lösungen, mit denen man sich annähert und dann weiterhin bereit zur Anpassung ist, möglich. So gelingt es, die Organisation insgesamt zu mehr Anpassungsfähigkeit zu bringen.

Aber schon an dieser kurzen Skizze wird deutlich, dass das eine Herausforderung für Führung ist. Denn die Teams arbeitenselbstorganisiert, sie haben keine Chefin, sondern sie definieren selbst, wie viel sie schaffen. Doch es gibt andere Rollen in der agilen Zusammenarbeit, die einen Teil von Führung übernehmen. So spielt der Product Owner eine wichtige Rolle bei der Vermittlung der Anforderungen, des *Big Pictures* und der *Product Vision*. Aber er oder sie ist keine Führungskraft im klassischen Sinne, hat keine Personalverantwortung oder »Weisungsbefugnis« … Gibt es dieses Wort eigentlich noch?

Führung in der agilen Zusammenarbeit muss sich als Collaborative Leadership verstehen und als solches gelebt werden. Sonst wird alles, was mit der Agilität erreicht werden soll, wieder zerstört. Wirksam kann dies aber nur werden, wenn intensiv an den Rollen, an der Ausgestaltung der Rollen und am Zusammenspiel der Rollen gearbeitet wird.

Wir haben jemanden dazu befragt, der es wissen muss – denn sie war von Anfang an bei dem größten agilen Experiment in deutschen Unternehmen dabei: Eliza Manolagas, Agile Consultant bei der *ING*.

Interview mit Eliza Manolagas, Agile Consultant, *ING* Germany

»Es ist für alle eine Reise.«

Was wird in der agilen Zusammenarbeit von Führung geleistet?
Eliza Manolagas: In einer agilen Organisation braucht es Menschen, die die Motivation mitbringen, eine Vision oder Strategie zu erarbeiten und somit als Führung vorangehen möchten. Nicht jeder Mitarbeiter will oder kann in einer solchen Rolle aktiv werden.

Führungskräfte brauchen heute ein viel größeres strategisches Verständnis: Was sind die strategischen Prioritäten des Unternehmens? Und was müssen wir tun, um diese Ziele zu erreichen? Sie müssen aber gleichzeitig lernen, Themen und Prozesse loszulassen, nachdem sie den Rahmen für ihre Mitarbeiter gesetzt haben. Und als Führungskräfte haben sie nach wie vor die Strahlkraft von Vorbildern, die das agile Mindset und die Arbeitsweise vorleben sollten. Das ist sicherlich die größte Herausforderung.

Wie erlebst du das Zusammenspiel der verschiedenen Rollen in den agilen Teams?
Eliza Manolagas: Es ist für alle eine Reise. Die Mitarbeiter und Führungskräfte müssen sich mit ihren neu definierten Rollen auseinandersetzen. Insbesondere im Zusammenspiel von Mitarbeiter und Führungskraft tauchen immer wieder zwei Fragen auf: 1. »Was darf ich?« und 2. »Was sollte ich nicht mehr tun?«.

Das zentrale Element in der agilen Arbeitsweise ist die ständige Auseinandersetzung mit den Aspekten »Verantwortung übernehmen« und »Vertrauen geben«, aus Alignment und Autonomy. Kommend aus einer klassischen, eher hierarchischen Organisation ist das eine Entwicklung, die Zeit auf allen Seiten braucht und die man sich zugestehen sollte. Wir lernen und entwickeln uns täglich weiter.

Und es kommen neue Akteure hinzu wie beispielsweise bei uns die Rolle des Agile Coaches. Das schafft eine neue Konstellation, da der Agile Coach Mitarbeiter und Führungskräfte im Alltag begleitet und bei zentralen Fragen des agilen Arbeitens unterstützt. Wie kann ich mich selbst organisieren und wie agile

Methoden für mich optimal nutzen? Durch diese Impulse arbeiten alle kontinuierlich an den Themen weiter. Und darauf kommt es in einer agilen Arbeitsumgebung an.

Was ist deine persönliche Herausforderung in der Führung in der agilen Organisation?
Eliza Manolagas: Ich blicke da aus der Mitarbeiterperspektive drauf: Ich nehme wahr, dass Führung bzw. Führungsaufgaben sich auf mehrere Personen verteilen. Ich habe jetzt einen Agile Coach an meiner Seite, der mich und meine Kollegen unterstützt, als Team zu wachsen und besser zu werden. Mit den Kollegen entscheiden wir im Team darüber, was wir aus unserem Backlog priorisieren und bestimmen, wie wir unsere Aufgaben angehen. Feedback nimmt einen viel größeren Teil im täglichen Arbeiten ein. Sowohl im Team selbst als auch mit meiner Führungskraft. Das Nehmen und konstruktive Geben von Feedback ist für alle eine Herausforderung, an der man selbst wächst und sich weiterentwickelt.

Ich erlebe meine Führungskraft als einen Sparringspartner, mit dem ich mich austauschen kann – über meine persönliche Entwicklung, aber auch bei Bedarf über Fachthemen.

Wie würdest du den Unterschied zwischen Führung in der agilen und der klassischen Organisation beschreiben – so, wie du ihn erlebt hast?
Eliza Manolagas: In der agilen Führung steckt für mich sehr viel »Wie« drin. Wie kann ich ein sicheres Umfeld schaffen, damit wir uns offen austauschen können? Wie schaffe ich Klarheit über strategische Ziele? Wie entwickle ich meine Mitarbeiter weiter? Im Sinne des Servant Leadership stehen der Mitarbeiter und seine Förderung wirklich im Fokus. Außerdem werden, wie schon erwähnt, Aspekte von Führung auf verschiedene Personen verteilt.

In der klassischen Organisation ist in der Regel die Führungskraft zeitgleich auch der Fachexperte für seinen Bereich. Die Gestaltung des »Was« steht hier im Mittelpunkt der Führungstätigkeit.

Und dann dachten wir uns, dass es notwendig ist, noch einen anderen Blick auf Führung in agilen Organisationen zu werfen. Einen Blick aus der Perspektive, die viele Unternehmen und Organisationen heute umtreibt: Sie befinden sich mitten in der digitalen Transformation und damit – teilweise in Ergänzung, teilweise in Ablösung zu den klassischen Arbeits- und Führungsmodi – auf der Suche nach neuen Formen der Zusammenarbeit. Es steht fest: Diese Transformation ist nicht auf einzelne Branchen oder Typen von Organisationen beschränkt. Sie beschäftigt öffentliche Bibliotheken (Was ist die Zukunft der Bibliothek, wenn alle nur noch online lesen?) ebenso wie den Schmuck-Retailer (Wie bleiben wir als deutsches Unternehmen wettbewerbsfähig?), Banken und Versicherungen.

Andreas Gilsdorf hat sich selbst in den letzten zwei Jahren in seinem professionellen Tun einer radikalen Transformation unterzogen. Er ist Arzt, Epidemiologe und internationaler Gesundheitsexperte. Andreas hat viele Jahre als Berater im Auftrag der WHO und als Führungskraft im *Robert-Koch-Institut* gearbeitet. Er kennt sich also bestens aus in den Behörden, die unser Gesundheitssystem zu dem machen, was es heute ist: ein verlässlicher und Sicherheit stiftender Faktor der Gesellschaft. Seit gut einem Jahr ist Andreas Direktor für Public Health und Epidemiologie bei *Ada Health. Ada* tritt im Netz als »Deine Gesundheitshelferin« auf und nutzt in den Social Media das Hashtag #tellada. Es geht um personalisierte Medizin, die Vision ist keine geringere als »allen Menschen einen Zugang zur personalisierten Medizin der Zukunft zu geben«. Andreas ist somit heute in einem erfolgreichen Start-up tätig, dessen Arbeitsweisen sich deutlich von jenen in den nationalen wie internationalen Gesundheitsbehörden unterscheiden. Man könnte sagen: Andreas hat die Seiten gewechselt. Wir haben ihn zu seinen Führungserfahrungen befragt.

Interview mit Andreas Gilsdorf, Direktor für Epidemiologie und Public Health bei *Ada Health*

»Ich denke, auch in klassischen Organisationen würde man so wohl heute eine gute Führung beschreiben, allerdings findet man sie da nicht so oft.«

Was wird in der agilen Zusammenarbeit von Führung geleistet?

Andreas Gilsdorf: In der agilen Zusammenarbeit sollte Führung meines Erachtens weniger leiten als coachen. Es sollte von der Führung eine Richtung vorgegeben werden, aber dann das Potenzial des Teams so stimuliert werden, dass gemeinsam die bestmögliche Lösung erarbeitet wird. Es geht in der agilen Führung weniger darum, diese beste Lösung selber zu finden und vorzugeben. Ich denke, auch in klassischen Organisationen würde man so wohl heute eine gute Führung beschreiben, allerdings findet man sie da nicht so oft.

Wie erlebst du das Zusammenspiel der verschiedenen Rollen in den agilen Teams?
Ich finde besonders die Aufteilung zwischen der strategischen und der organisatorischen Arbeit eine sehr große Stärke von agilen Teams. Der Product Owner soll eine Vision erarbeiten und auch von den anderen Partnern verstehen, welche Anforderungen an das Team bestehen, und dann aus beidem eine Ausrichtung für das Team vorgeben. Dadurch, dass sich das Team mit Scrum Master selbst organisiert und das nicht Aufgabe des Product Owners ist, entsteht hier viel mehr Potenzial, sich visionär auf die Zukunft und auf die externen Anforderungen zu fokussieren. Das ist in meinen Augen etwas, das in klassischen Organisationen oft aufgrund des großen organisatorischen Arbeitsaufwands zu kurz kommt.

Was ist deine persönliche Herausforderung in der Führung in der agilen Organisation?
Ich persönlich arbeite in einem Bereich, der nicht in Zwei-Wochen-Sprints eine neue Version eines Produktes erarbeitet. Das heißt, die konsequente Umsetzung des klassisch agilen Arbeitens ist bei uns nicht nötig. Ich versuche aber trotzdem für mein Team die Vorteile des Agilen zu nutzen. Das heißt, wir nehmen uns die Zeit für Quartalplanung, stimmen uns regelmäßig mit den anderen Teams ab, wir geben uns einen Arbeitsplan, den wir aufteilen unter uns und abarbeiten, und wir versuchen immer wieder zeitnahe Abstimmungen mit anderen Teams zu suchen, denen wir einen Service anbieten, um so engmaschige Rückmeldungen über die Richtung und den Mehrwert unserer Arbeit zu bekommen. Wir machen das, weil wir von den agilen Vorteilen profitieren wollen, aber auch um die Integration unseres Teams in der agilen Organisation zu vereinfachen.

Wie würdest du den Unterschied zwischen Führung in der agilen und der klassischen Organisation beschreiben – so, wie du ihn erlebt hast?
Ich habe eine sehr viel stärkere Einbindung der Teams bei der Ausarbeitung der Ziele in der agilen Organisation erlebt. Auch ist es durch die größere Unab-

hängigkeit der agilen Teams wichtig, klare Visionen und Ziele zu schaffen, die die Teams dann leiten. Dafür ist es relevant, nicht nur die übergeordneten, oft vagen Ziele zu formulieren, sondern auch klare Strategien, die motivierend und richtungsweisend auch für die Teams sind. Am besten werden diese Strategien mit klaren Indikatoren versehen, zu denen jedes Team direkt beisteuern kann. In klassischen Strukturen werden öfter ja recht detaillierte Arbeitsanweisungen gegeben, die ein kleinteiliges Arbeiten ermöglichen, was auch bei Fehlen von großen Zielen und Visionen erst mal geht. Bei agilen Teams sollen sich aber die Teams selbst organisieren – dafür ist eben das große Ziel, aber auch die heruntergebrochene Strategie für jeden Bereich unerlässlich für erfolgreiches Arbeiten. Das muss man als Führung wissen und anbieten können.

6.2 Führung, die auf Kollaboration setzt

Agile Organisationen brauchen eine Führung, die auf Kollaboration setzt – eine Führung, die dazu in der Lage ist, gleichermaßen stabile wie produktive Kollaborationen entstehen zu lassen. Rob Cross und seine Kollegen haben sich die Frage danach gestellt, wie die Schritte hin zu produktiven Kollaborationen aussehen (Cross et al. 2020). Sie haben die Muster wirksamer Kollaboration über zehn Jahre hinweg im Rahmen einer breit angelegten internationalen Studie in mehreren Dutzend Unternehmen untersucht.

Herausgekommen ist ein Dreischritt:

1. psychologische Sicherheit und Vertrauen aufbauen
2. einen gemeinsamen Purpose rund um die Bedeutung und die Wirkung unserer Arbeit kreieren
3. den Enthusiasmus entfachen, der die Energie für unsere tägliche Arbeit erzeugt

In diesem Zusammenhang wird uns häufig die Frage gestellt: »Auf dem Weg zu einem agilen Arbeiten und mehr Kollaboration – womit kann ich heute anfangen?« Nun, es gibt nicht die eine Antwort oder das eine Tool, mit dessen Hilfe Sie morgen komplett anders arbeiten werden. Es ist ein Weg, auf dem sich Führung aktuell befindet. Den zitierten Dreischritt können Sie mit Tools und Verhaltensweisen in den 4 C unterlegen, die die Führung auf ihrem Weg hin zu einem Collaborative Leadership unterstützen.

6.3 Wird es Führung in Zukunft noch geben?

Führung ist keine Rocket Science. Alles, was man über Führung wissen muss, passt zwischen zwei Buchdeckel und ist an einem Tag zu verstehen. Aber die Umsetzung dauert Monate und Jahre. Genau in diesem Sinne verstehen wir Collaborative Leadership als eine Reise. Eine Reise in die Zukunft, eine gemeinsame Reise und eine Reise ins Ungewisse. Denn wir wissen nicht, wie die Organisationen der Zukunft aussehen werden. Welche Entscheidungen werden künftig von Algorithmen getroffen, welche von Menschen? Welche Arbeiten werden von Robotern übernommen und welche nicht? Welche Jobs werden verschwinden, welche nicht? Werden Teams künftig aus einer Mixed Reality im anderen Sinne des Wortes bestehen: aus einer menschlichen Reality, einer Reality der Maschinen und einer gemeinsamen? Und was heißt das dann für Führung und Zusammenarbeit?

Auf jeden Fall wird es Führung weiterhin geben. Es wird weiterhin Menschen geben, die Führung übernehmen. Es wird Maschinen, Menschen, Algorithmen und das Neue geben, das geführt werden muss. Und genau dafür ist Collaborative Leadership der richtige Ansatz. Denn Collaborative Leadership ist eine Haltung. Es ist die Haltung, dass es nur gemeinsam geht, dass Führung dafür sorgt, dass Zusammenarbeit entsteht, und es ist die Haltung, dass Führung eben auch eine geteilte Funktion sein kann. Und wer weiß – vielleicht ergibt es irgendwann Sinn, auch einen Teil der Führungsarbeit einer KI zu übertragen?

Bis es so weit ist, werden wir weiterhin Werbung machen für Collaborative Leadership. Wir werden mit Führungskräften dazu arbeiten. In Unternehmen, Stiftungen, Forschungseinrichtungen und mit uns selbst. Wir werden den Ansatz weiterentwickeln und wir werden das Thema weiter ausbauen, denn wir sind davon überzeugt: Die Zukunft ist kollaborativ. *The New Collaboration* wird deswegen unser nächstes Projekt. Verfolgen kann man alles hier: www.collaborative-leadership.net.

7 Unsere Toolbox

Auf dem Weg zu einem Collaborative Leadership braucht es ein gutes Verständnis der Ausgangssituation, eine Idee davon, wie wir Führung in Zukunft leben wollen, und nicht zuletzt: Tools, mit denen wir den Wandel so leichtgängig wie möglich und so tiefgreifend wie nötig gestalten und unterstützen. Einige der Tools, mit denen wir im Rahmen von Collaborative Leadership gute Erfahrungen gemacht haben, wollen wir an dieser Stelle mit Ihnen teilen. Es gibt natürlich unendlich viel mehr. Nehmen Sie diesen Abschnitt als kleine Inspiration in gut erprobter Zusammenstellung.

Vorab ein kleiner Hinweis zur Arbeit mit den Tools: Der Einsatz eines Tools bedeutet unserer Erfahrung nach immer eine Intervention. Das heißt, es lohnt sich, im Vorfeld Zeit darauf zu verwenden, sich zu überlegen, warum welches Tool zu welchem Zeitpunkt genutzt werden soll. Es lohnt sich auch, darüber nachzudenken, was nach der Arbeit mit dem Tool anders sein wird und welche Anregungen wir uns davon versprechen. Diese Anregungen, Ideen, Maßnahmen, kurzum: das, was durch die Arbeit mit dem Tool entsteht, sollte unbedingt für die weitere Arbeit im Team genutzt werden. So stellen Sie sicher, dass das, was Sie tun, Wirkung entfaltet.

Unsere Tools. Ein Überblick.

Storytelling
4C-Radar
Feedback
Digitale Tools
My Leadership Purpose
Persona-Methode
Team und Leadership Health Check
Lean Strategy
DIBB-Modell
Retrospektive
Ambidextrie Quick-Check
Entscheidung mal anders
Arbeit mit Bildern
Zukunftsreise
Prototyping

7.1 Tool 1: Zukunftsreise

Worum geht es?

Im Rahmen von Contribution ist es regelmäßig wichtig, dass Individuen, Teams oder ganze Unternehmen sich mit möglichen Zukunftsszenarien auseinandersetzen. Nicht immer ist es dazu sinnvoll oder notwendig, ganz tief in den Methodenkoffer der strategischen Planung zu greifen. Vielmehr kann eine solche Auseinandersetzung auch auf eine spielerisch-emotionale Art und Weise erfolgen – die fundierte Strategiearbeit hat ihren Platz dann an einer anderen Stelle im Prozess. Wir nehmen Teams gerne mit auf eine Reise in die Zukunft.

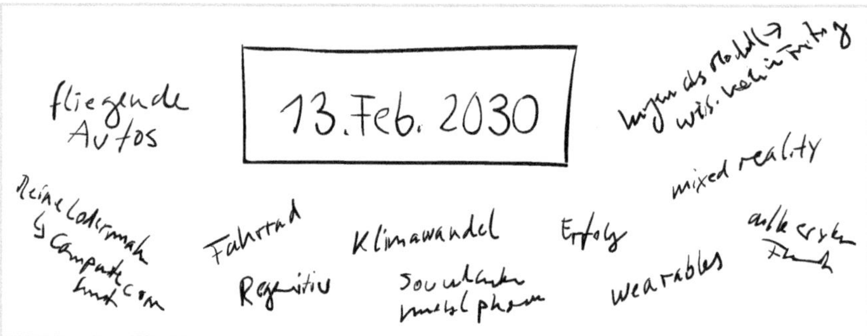

Wozu nutzen?

Wir nutzen die Zukunftsreise sehr gerne zur Einstimmung– auf einen Tag, eine Sequenz, einen Workshop. Es geht um Öffnung, um ein Zusammenlegen von Gedanken, darum, frei zu assoziieren, und darum, ins Gespräch zu kommen. Dies immer mit einer radikalen Zukunftsorientierung.

Wann passt es?

Das Tool passt dann, wenn es darum geht, sich gemeinsam mit künftigen Entwicklungen auseinanderzusetzen und eine Idee davon zu entwickeln, welche Trends wir für relevant erachten – und welche auch nicht. Oder einfach nur den Blick und die Gedanken für die Zukunft zu öffnen.

Wie viel Zeit braucht es?

Wir machen gute Erfahrungen mit recht kurzen Sequenzen von 15 Minuten. Allerdings kann man sich auch mehr Zeit nehmen und das Gespräch etwas tiefer gehen lassen.

Mit wie vielen Menschen geht es?

Eine Runde von 8 bis 20 Personen ist perfekt. Es geht aber auch mit weniger Teilnehmer*innen, man wird dann intensiver bei jedem einzelnen Teilnehmer reinhören. Oder mit einer Großgruppe, dann wird man die Moderation etwas anders gestalten und im Plenum nur einige ausgewählte Stimmen hören können.

Welches Material ist notwendig?

Ein Flipchart oder eine Folie, die die Fragestellung für die Zukunftsreise umreißt.

Was muss die Moderation leisten?

Der Moderation muss es gelingen, eine gedankliche Öffnung bei den Teilnehmer*innen zu erzeugen. Gleichzeitig sollte so wenig wie möglich vorweggenommen werden. Die Moderation benennt also eher die Aspekte, über die mit Blick auf eine »10-years-future« nachzudenken wäre – als die tatsächlich erwarteten Ausprägungen dieser Zukunft.

Wie läuft es ab?

1. Einen konkreten Tag in der Zukunft benennen, auf ein Post-it oder ein Flipchart schreiben. Wir nutzen üblicherweise das Datum des aktuellen Tages und drehen die Jahreszahl um zehn Jahre vor. Wenn man möchte, können konkretisierende Fragen dazugeschrieben werden, zum Beispiel: »Wie alt sind wir?«, »Wie werden wir reisen?«, »Was werden wir essen?«, »Wie werden wir Nachrichten konsumieren?«, »Wie werden wir arbeiten?« …
2. Einleitung: »Stellen Sie sich vor, heute ist der … (Datum/Jahr).« Bringen Sie die Runde, mit der Sie arbeiten wollen, zunächst in kleinen Grüppchen miteinander ins Gespräch. Machen Sie deutlich, dass es darum geht, sich konsequent in die Zukunft zu versetzen. Benennen Sie die Aspekte des Lebens, die in den kleinen »Murmelgruppen« besprochen werden sollen.
3. Geben Sie den Zweier- und/oder Dreierkonstellationen ein paar Minuten Zeit für den Austausch.

4. Nachdem die Runde etwas Zeit hatte, sich auf die Fragestellung einzustimmen, lassen Sie ein Gespräch entstehen darüber, wie das Leben aussehen wird, welche Aspekte wichtig sein werden, wie wir arbeiten, reisen, uns ernähren, uns entspannen, unsere Kinder versorgen und unsere älteren Menschen pflegen, wie wir politische Entscheidungen treffen werden ... kurzum: wie wir uns in der Welt erleben werden.
5. Schließen Sie das Gespräch ab mit einer Überleitung auf die Zukunftsthemen, an denen Sie in dieser Runde in den nächsten Schritten weiterarbeiten werden.

Alternative, etwas anspruchsvoller und gleichzeitig kreativer: Teilen Sie die Anwesenden in kleine Gruppen ein. Bitten Sie nicht nur um Austausch, sondern um die Übersetzung des Austauschs in eine kurze Sequenz, die auf die Bühne gebracht wird.

7.2 Tool 2: 4C-Radar

Worum geht es?
Es geht um eine Standortbestimmung. Um die Frage danach, wie wir Führung in den 4 C in unserem Führungsteam leben.

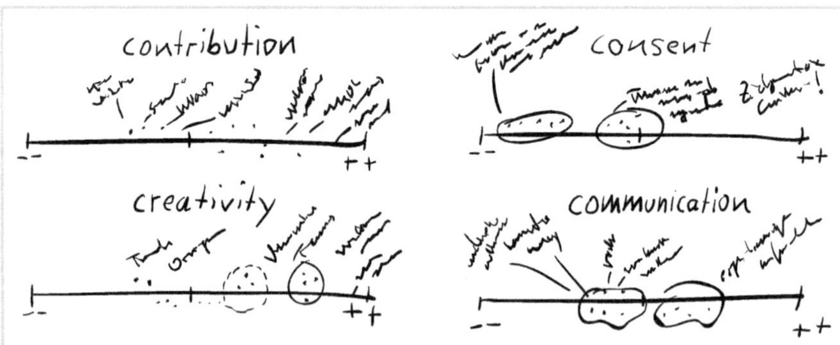

Wozu nutzen?
Zur Entwicklung und Verankerung eines gemeinsamen Führungsverständnisses im Leadership-Team. Alternativ auch zur Bestandsaufnahme der Zusammenarbeit im Team einsetzbar.

Wann passt es?

Es passt in Transformationsprozessen, wenn ein neues Führungsverständnis für Teams oder Organisationen erarbeitet werden soll. Es passt auch dann, wenn zum ersten Mal ein gemeinsames Führungsverständnis erarbeitet werden soll. Der Radar kann aber auch ganz niedrigschwellig für eine Ad-hoc-Einschätzung genutzt werden, ähnlich spontan wie der Fragebogen, den wir weiter oben eingeführt haben (siehe Kapitel 4.3.1).

Wie viel Zeit braucht es?

Je nachdem, ob es um die Entwicklung eines Führungsverständnisses oder um eine Ad-hoc-Einschätzung geht, ist der Zeitaufwand unterschiedlich. Für die Ad-hoc-Einschätzung inklusive der Ableitung und Entwicklung erster Maßnahmen (siehe Bild oben) haben wir mit unserem Kunden 120 Minuten verwendet. Für die Entwicklung eines gemeinsamen Führungsverständnisses folgt auf eine erste Ad-hoc-Erhebung eine ausführliche Auseinandersetzung mit der Frage, wie wir Führung künftig leben und ausgestalten wollen. Hierfür sollte mehr Zeit in mehreren Terminen geplant werden.

Mit wie vielen Menschen geht es?

Am wirksamsten erleben wir das Tool im Einsatz mit Teams von 8 bis 12 Mitgliedern. Mithilfe digitaler Voting-Möglichkeiten kann es aber auch in Großgruppen genutzt werden – beispielsweise zur Standortbestimmung im Rahmen eines Leadership-Summits.

Welches Material ist notwendig?

Flipchart oder Whiteboard, 4C-Modell als Ausdruck für alle Teilnehmer*innen. Gegebenenfalls vorbereitete Abfrage im Online-Voting-Tool (nur bei Einsatz in der Großgruppe).

Was muss die Moderation leisten?

Die Moderation bereitet die Sequenz vor. Das 4C-Modell wird auf Flipchart, Whiteboard oder Pinnwand für eine Skalenabfrage aufgezeichnet. Die Moderation stellt sicher, dass eine offene Atmosphäre herrscht, in der eine echte Einschätzung der Situation möglich ist. Darüber hinaus bettet die Moderation die Anwendung des Radars in den größeren Kontext der Arbeit im Leadership-Team ein und stellt sicher, dass alle Teilnehmer*innen verstehen, warum das Tool jetzt genutzt wird, was mit dem Ergebnis passieren wird und welche praktischen Impulse und Konsequenzen sich daraus ableiten lassen.

Wie läuft es ab?

1. Vorbereitung der Sequenz durch die Moderation. Diese erfolgt bei uns häufig bereits im Vorfeld des Workshops – wir bereiten die Flipcharts vor, schreiben die entsprechenden Post-its oder überlegen uns genau, an welcher Stelle im Prozess und mit welchem Ziel wir dieses Tool nutzen. Im Rahmen der Vorbereitung entscheidet die Moderation, wie die Skala zur Einschätzung im Radar aussehen soll. Diese kann beispielsweise von 0 bis 10 gehen. Oder von »sehr schlecht« über »so lala« bis »sehr gut«. Oder von »–« über »0« bis »+«.
2. Intro und Einstimmung für die Teilnehmer*innen: Erläuterung der Vorgehensweise und der Anwendung des 4C-Radars. Jeder Teilnehmer erhält einen Ausdruck mit den 4 C und nimmt zunächst individuell die Einschätzung des Führungsverhaltens im Team bzw. in der Organisation vor.
3. Gemeinsame Einschätzung des Führungsverhaltens im Team bzw. in der Organisation. Die Orientierungsfrage durch die Moderation lautet: »Wie schätze ich unser Führungsverhalten in den Dimensionen Contribution, Creativity, Consent und Communication ein?« Die Teilnehmer*innen orientieren sich an den Einträgen, die sie auf ihren Notizzetteln gemacht haben.
4. Gemeinsame systematische Reflexion des Bildes, das sich durch die Abfrage ergibt. Jedes C wird besprochen. An dieser Stelle geht es darum, die Einschätzungen zur aktuellen Führungssituation auszutauschen, es geht noch nicht um Maßnahmen. Es wird so lange gesprochen, wie es notwendig ist, um ein gutes gemeinsames Verständnis der aktuellen Situation zu haben.
5. Anschließende Diskussion über mögliche Maßnahmen zur Weiterentwicklung des Führungsverständnisses. Es sollten nicht zu viele Maßnahmen zu einem Zeitpunkt vereinbart werden. Vielmehr reicht es, auf einige wenige erste Schritte zu fokussieren. So können recht rasch Erfolge erzielt werden. Wichtig ist es, einen klaren Termin zu vereinbaren, zu dem die Umsetzung der Maßnahmen erfolgen soll. Auch kann es sinnvoll sein, einen nächsten Termin für eine zweite Einschätzung mithilfe des 4C-Radars zu vereinbaren.

7.3 Tool 3: Arbeit mit Bildern

Worum geht es?

Es sagt mehr als tausend Worte – und beflügelt den Gedanken zur Veränderung: das Bild. Die Auswahl eines Bildes weitet die Sicht auf die Dinge, schafft neue Dimensionen. Es ist oft ein erster Impuls für Kreativität und Innovation. Bilder zeigen immer, wirklich immer, wie unterschiedlich in einem Unternehmen gedacht wird, welche Vielfalt an Menschen und Charakteren da arbeitet, wie emotional und leidenschaftlich auch viele Mitarbeiter sind. Oft sind sie selbst überrascht von den vielen neuen Einblicken, die sich daraus ergeben.

Wozu nutzen?

Unsere Erfahrung ist: Wenn Menschen eine Situation visualisieren, können sie sich oft besser ausdrücken. Ein Bild sagt mehr als tausend Worte, ja sicher. Aber in erster Linie dient ein Bild dazu, sich so konkret wie nötig und so unkonkret wie möglich zu einem Thema zu äußern. Ein Bagger in der Sandgrube ist zunächst ein Bagger in der Sandgrube, erst in der Interpretation, erst in dem, was sich in den Köpfen dann abspielt, wird der Bagger zu einem Sinnbild für die Beseitigung von Hindernissen durch die Führung.

Wann passt es?
Wir arbeiten mit Bildern, wenn wir mit Menschen in Teams und Organisationen ins Gespräch dazu kommen wollen, wie sie die aktuelle Situation erleben.

Wie viel Zeit braucht es?
30–60 Minuten.

Mit wie vielen Menschen geht es?
Ideal sind Teams mit 8 bis 12 Personen, wenn die Gruppe größer wird, werden sich Einzelne in den Hintergrund begeben, während andere Personen den Diskurs bestimmen.

Welches Material ist notwendig?
Es braucht einen Vorbereitungsauftrag für das Team. Eine hohe Qualität an Bildern wird durch individuelle Vorbereitung erreicht. Wir verschicken den Vorbereitungsauftrag in der Regel mit der Agenda für den Tag bzw. Workshop. Es hat sich bewährt, die Teilnehmer etwa eine Woche vor dem Termin über den Vorbereitungsauftrag zu informieren. Vor Ort braucht es eine Wand, an der die Bilder aufgehängt und präsentiert werden können. Darüber hinaus Post-its, um Kommentare festzuhalten.

Was muss die Moderation leisten?
Die Moderation formuliert einen gleichermaßen klaren wie offenen Vorbereitungsauftrag an die Teilnehmerrunde. Wir formulieren in etwa so: »Bitte bringt zu eurem Workshop in der Führungsrunde zwei Bilder mit: ein Bild, das die aktuelle Zusammenarbeit im Team beschreibt, und ein zweites Bild, das unser heutiges Verständnis von Führung beschreibt. Die Bilder können selbst angefertigte Skizzen, Fotos, Collagen oder Bilder aus dem Internet sein.« Während der Sequenz selbst achtet die Moderation darauf, dass alle Teammitglieder etwas zu ihren Bildern sagen.

Wie läuft es ab?

1. Etwa eine Woche vor der Veranstaltung erhalten die Teilnehmer*innen den Vorbereitungsauftrag. Mit dieser Aufforderung und der Auswahl der Bilder beginnt bei ihnen die gedankliche Vorbereitung auf den Workshop.
2. Bevor im Workshop selbst die eigentliche Arbeit mit den Bildern startet, fragen wir in die Runde, ob alle Anwesenden die Möglichkeit hatten, ein Bild auszuwählen und mitzubringen. Wer kein Bild dabei hat, wird dazu eingeladen, noch eines zu produzieren, beispielsweise zu zeichnen. Das klappt eigentlich immer.

3. Wir starten die Arbeit mit den Bildern meist damit, dass wir alle Bilder unter den jeweiligen Fragestellungen an der Wand aufhängen. Das heißt, wir lassen die Teilnehmer*innen nicht einzeln präsentieren.
4. Wenn alle Bilder aufgehängt sind, laden wir dazu ein, darüber zu sprechen, welche Antworten und Einschätzungen zu unserer Ausgangsfrage an der Wand sichtbar sind. Wir laden dazu ein, Bezüge zwischen Bildern herzustellen, nicht nur über das zu sprechen, was man selbst mitgebracht hat, sondern auch über das, was an der Wand sichtbar wird. Wir laden aber immer auch explizit dazu ein, das eigene Bild zu kommentieren. In der Moderationsrolle machen wir Notizen zu den Kommentaren und Bezügen auf Post-its, die wir zwischen die Bilder an die Wand kleben.
5. Wir leiten aus der Arbeit mit Bildern in aller Regel keine Maßnahmen ab. Das Gesagte und Reflektierte bleibt als Teamerfahrung im Raum. Es öffnet Kopf und Herz für die weitere gemeinsame Arbeit.

7.4 Tool 4: Persona-Methode

Worum geht es?

Was denken unsere Kunden? Welche Wünsche haben die Nutzer unserer Dienstleistungen? Welche neuen Anwendungen könnten erfolgreich sein? Wie nehmen wir die Organisation mit in der Veränderung? Diese und ähnliche Fragen beschäftigen uns im Rahmen von Creativity, wenn es darum geht, unsere Produkte, Dienstleistungen, Ideen und Vorhaben weiterzuentwickeln oder in der Organisation zu verankern. Personas können co-kreativ oder datenbasiert entwickelt werden. Wir gehen hier auf die co-kreative Entwicklung von Personas ein.

Wozu nutzen?
Die Persona-Methode sollte man dann nutzen, wenn man sich in die Wünsche, Sorgen, Bedürfnisse und Verhaltensweisen von Stakeholdern oder Zielgruppen hineinversetzen möchte – und zwar möglichst lebensnah.

Wann passt es?
Im Explore-Modus, immer dann, wenn es darum geht, Funktionen, Produkte, Services und Ideen im Team weiterzuentwickeln oder neu zu kreieren. Die Persona-Methode wird gerne als Ausgangspunkt für ein Prototyping genutzt (vgl. Kap. 7.10).

Wie viel Zeit braucht es?
Wenn die Fragestellung und die Zielgruppen vorab geklärt sind, kann ein Team in 120 Minuten bis zu drei Personas entwickeln.

Mit wie vielen Menschen geht es?
Idealerweise in einem Team mit 9 bis 12 Personen, im Grunde aber beliebig.

Welches Material ist notwendig?
Persona-Template, Moderationsmaterial, Flipchart oder Pinnwand, Stifte, Post-its, gerne auch Zeitschriften und Bilder, um eine echte Kollage entstehen zu lassen.

Was muss die Moderation leisten?
Die Moderation sorgt dafür, dass im Vorfeld des Workshops/Meetings Ziel und Fragestellung rund um die Persona-Methode geklärt sind. Die Moderation leitet in die Methode ein, erläutert das Vorgehen und sorgt dafür, dass die festgelegten Zeiten strikt eingehalten werden.

Wie läuft es ab?
Vorbereitung:

1. Fragestellung und Zielgruppen als Ausgangsbasis für die Personas klären. Klären, wie viele Personas erstellt werden sollen. Teamworkshop bzw. Co-Kreation planen.
2. Zielgruppenbeschreibung anfertigen, vorhandene Daten nutzen.

Im Team:

3. Aufteilung der Teammitglieder rund um die definierten Zielgruppen. Jede Kleingruppe übernimmt die Entwicklung einer Persona. 45 Minuten Zeit.
4. Vorstellung und Feedback zu den Personas im Team. Je Persona insgesamt 10 Minuten.
5. Weitere Ausarbeitung der Persona im Team. 30 Minuten.
6. Zusammenführung der Personas im Plenum (alle Teams treffen sich). 15 Minuten.

Nachbereitung:

7. Je nach geplanter Nutzung der Personas kann es sinnvoll sein, diese weiter auszuarbeiten und mit Details, Bildern, noch konkreteren Beschreibungen zu versehen.

7.5 Tool 5: DIBB-Modell

Worum geht es?

Das DIBB-Modell geht auf *Spotify* zurück (vgl. Kap. 3.3). *Spotify* nutzt DIBB als Steuerungsinstrument in der agilen Organisation. Mithilfe von DIBB setzen Teams sich datenbasiert und purpose-driven Ziele. Diese werden in Dashboards abgebildet, die teamübergreifend vernetzt sind. So entsteht im Unternehmen Strategic Alignment.

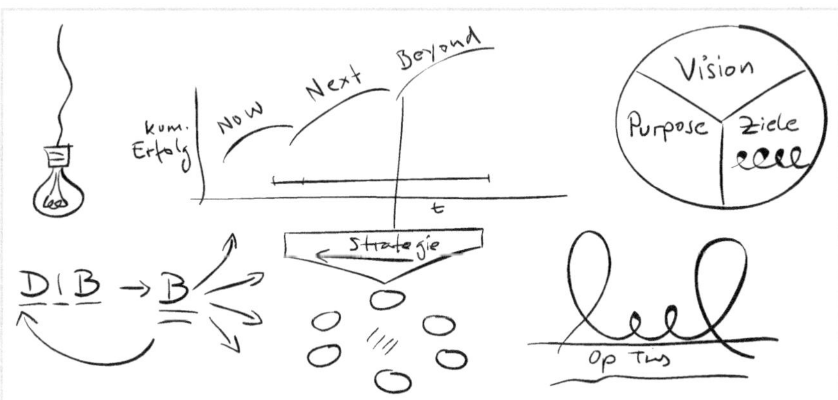

Wozu nutzen?

Als Steuerungsmodell in der agilen Organisation. Für selbstorganisierte Teams zur datenbasierten gemeinsamen Ausrichtung auf Ziele.

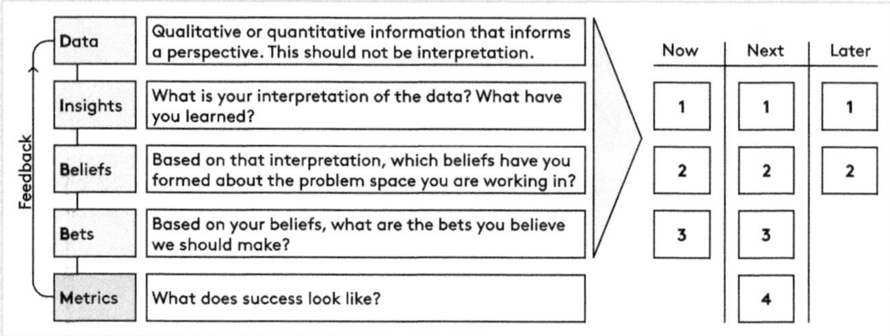

Wann passt es?

Im Rahmen von Contribution im Zuge der strategischen Ausrichtung eines Teams, einer Organisation.

Wie viel Zeit braucht es?

Wenn die Datenbasis vorhanden ist, braucht es einen Teamworkshop, um Insights, Beliefs und Bets zu entwickeln. Im Nachgang sollten die Ziele priorisiert, mit Messgrößen unterlegt und in einem Online-Dokument abgebildet werden, das allen Teammitgliedern zugänglich ist.

Mit wie vielen Menschen geht es?

Von der einzelnen Führungskraft bis zur gesamten Organisation. Empfehlenswert ist es, in einem selbstorganisiert arbeitenden Team zu beginnen.

Welches Material ist notwendig?

Daten, beispielsweise zum Nutzerverhalten. Für den Teamworkshop Moderationsmaterial. Vorbereitung einer Pinnwand mit vier Spalten: Data, Insights, Beliefs, Bets. Im Nachgang Umsetzung in einem digitalen Dokument z. B. in Google-Docs, xls … – es muss nicht fancy sein, nur praktikabel.

Was muss die Moderation leisten?

Die Moderation sollte sich mit der Arbeitsweise von *Spotify* und dem DIBB-Modell vertraut machen. Diese ist im Netz gut dokumentiert. Die Moderation sollte keine Angst vor Zahlen und Daten haben. ☺

Wie läuft es ab?

1. Aktuelle Daten zu relevanten strategischen Fragestellungen zusammentragen und aufbereiten. Beispielsweise: Nutzerverhalten, Entwicklung Marktanteile, Umsatzentwicklung ... Die Daten bzw. Informationen können qualitativ wie quantitativ sein.
2. Data: Dokumentation der relevantesten Daten/Kennziffern auf unserem Bord.
3. Insights: Interpretation der Datenspalte: Was sagen uns die Daten? Was lernen wir daraus?
4. Beliefs: Was glauben wir, welche für uns relevanten Entwicklungen wir hieraus ableiten können? Und was sollte unser Beitrag zu diesen Entwicklungen sein?
5. Bets: Welche Wetten auf die Zukunft wollen wir abschließen? Welche Ziele setzen wir uns? Und: Welche Messgrößen sind dazu geeignet, uns zu zeigen, ob wir mit unseren Wetten richtig liegen?
6. Feedback: Regelmäßige Auswertung in einem festgelegten Rhythmus. Treten die Wetten, die wir abgeschlossen haben, ein? Wenn nicht, wie müssen wir unsere Wetten anpassen? Es startet ein neuer Weg durch das DIBB-Framework.
7. Übertragung in ein Online-Dokument. Team-Bet-Board erstellen.
8. Strategisches Alignment: Die Erfahrung zeigt, dass andere Teams die Arbeit mit dem DIBB-Modell aufgreifen werden, wenn sie die Wirksamkeit beobachten. Irgendwann werden womöglich Company-Bet-Boards und Team-Bet-Boards entstehen.

7.6 Tool 6: Digitale Tools

Worum geht es?

In agilen Teams ist es üblich, sich ad hoc auszutauschen, Dokumente zu teilen und eine hohe Transparenz bezüglich der Aufgaben zu schaffen, an denen aktuell gearbeitet wird. Diese Kultur wird sowohl online als auch offline praktiziert. Das digitale Kanban-Board ersetzt das Board im Office, der Stand-up findet als Video-Call statt und Arbeitsergebnisse werden auf einer Collaboration-Plattform geteilt und diskutiert. Üblich ist der Einsatz von *Slack*, *Zoom* und *Trello* in Kombination. Viele Unternehmen nutzen inzwischen *MS Teams*.

Darüber hinaus ist es für große Präsenzveranstaltungen und auch in Online-Meetings häufig sinnvoll, eine interaktive Präsentationssoftware zu nutzen, die Echtzeit-Votings und Kommentare ermöglicht. Beispiele hierfür sind *Mentimeter* und *Slido*.

Wozu nutzen?
Für alle Formen der digitalen Zusammenarbeit in Teams und Organisationen, in großen wie in kleinen Kontexten.

Wann passt es?
In allen Teams, die nicht ständig in Präsenz miteinander arbeiten und gemeinsame Aufgaben zu bewältigen haben. Wir empfehlen den Einsatz digitaler Tools insbesondere für crossfunktionale, interdisziplinäre Teams.

Wie viel Zeit braucht es?
Die digitalen Tools sind heute ein wichtiger Bestandteil der Teamkollaboration. Es braucht zu Beginn etwas mehr Aufmerksamkeit, um sich mit den Tools vertraut zu machen und einen guten gemeinsamen Umgang damit zu finden. Später ist es wie mit E-Mails: Es braucht jeden Tag etwas von unserer Zeit.

Mit wie vielen Menschen geht es?
Unbegrenzt.

Welches Material ist notwendig?
WLAN und ein Digital Device, mit dem ich ins Netz gehen kann.

Was muss die Moderation leisten?
Die Moderation sollte sich zu Beginn eines neuen Projektes überlegen, welche Kombination aus Online- und Offline-Arbeit sie empfehlen würde. Dies gilt es dann mit dem Team zu besprechen. Anschließend werden die entsprechenden Tools aufgesetzt.

Wie läuft es ab?

1. Besprechung im Team, welche digitalen Tools zu welchem Anlass genutzt werden könnten.
2. Entscheidung über den Einsatz bestimmter Tools. Beispielsweise: Arbeit mit *Slack* als Kollaborationstool, Einsatz von *Mentimeter* für Online-Votings in Großgruppen und Nutzung von *Zoom* für Video-Calls.
3. Einführung der Tools: Jemand muss sich darum kümmern, dass die Kanäle aufgesetzt werden und die Software einsatzbereit ist. Meist einigt man sich zunächst auf eine Person, die die digitalen Tools für alle aufsetzt und Einladungen verschickt.
4. Jeder Teilnehmer aktiviert seine Zugänge.
5. Beginn der Arbeit mit den ausgewählten Tools. Hier braucht es Geduld: Menschen gehen sehr unterschiedlich mit neuen Tools um. Es empfiehlt sich, einfach dabeizubleiben und zu warten, bis genug Energie bei allen Teilnehmern da ist.
6. Immer wieder daran erinnern. Hindernisse, wie beispielsweise Unkenntnis im Umgang mit dem Tool, aus dem Weg räumen.

7.7 Tool 7: Team und Leadership Health Check

Worum geht es?

Spotify hat ein Squad-Health-Check-Model entwickelt. Das Modell ist in Form eines Kartensets aufbereitet und im Netz frei verfügbar.

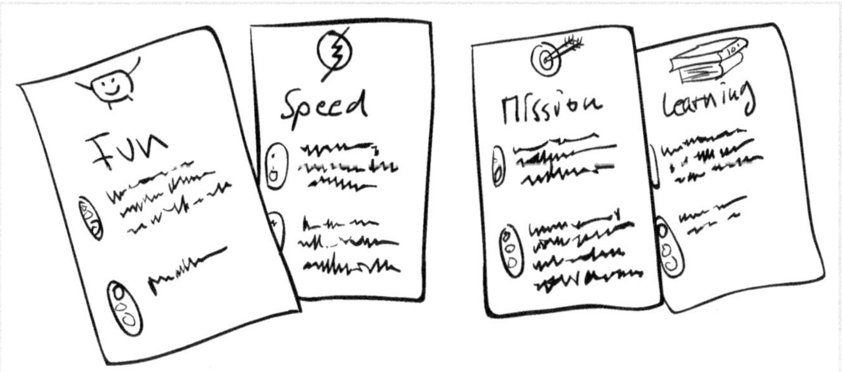

Wozu nutzen?
Als Check-up der Zusammenarbeit im Team.

Wann passt es?
Bei Teams, die länger zusammenarbeiten, in regelmäßigen Abständen. Squads bei *Spotify* machen es zwei bis viermal im Jahr, je nach Bedarf.

Wie viel Zeit braucht es?
90 Minuten.

Mit wie vielen Menschen geht es?
Je nach Teamgröße. Besser mit 4 bis 8 Personen als mit einer größeren Gruppe. Über 10 Personen wird anstrengend.

Welches Material ist notwendig?
Wenn gewünscht, kann das Original-*Spotify*-Kartenset genutzt werden. Es ist inklusive Anleitung zur Herstellung (Ausdruck, laminieren etc.) frei im Netz verfügbar (https://labs.spotify.com/2014/09/16/squad-health-check-model/). Kartenset in der Anzahl der Teammitglieder produzieren. Flipchart. Stifte in den Farben Rot, Gelb und Grün.

Was muss die Moderation leisten?
Die Moderation arbeitet sich in die Methode ein und bereitet das Kartenset und den Raum vor.

Wie läuft es ab?

1. Zeitpunkt für den Check-up vereinbaren. Teammitglieder einladen. Kartenset vorbereiten. Falls nicht mit dem Kartenset gearbeitet wird, Dimensionen für den Check-up entwickeln, die zu unserer Kultur und den Erwartungen an die Zusammenarbeit passen. Die vorgegebenen Dimensionen von *Spotify* umfassen z. B. Fun, Speed, Mission – und jeweils Beschreibungen dazu, wie diese im positiven/negativen Falle gelebt werden.
2. Raum vorbereiten. Eine nette Atmosphäre ist hilfreich, vielleicht ohne Tisch, in einer Sofaecke, auf Hockern etc. Flipchart mit den Dimensionen des Check-ups für die Einschätzungen vorbereiten.

3. Ablauf Check-up:
   Begrüßung und Intro (5 Min)
   Check-up: Individuelle Einschätzung entlang des Kartensets bzw. der gewählten Dimensionen. Das Voting erfolgt für alle sichtbar, beispielsweise mit roten, gelben, grünen Klebepunkten, Post-its oder Stiften. (15 Min.)
   Reflexion des entstandenen Bildes. Was läuft gut? Was läuft nicht so gut? (15 Min.)
   Ableitung von Maßnahmen (45 Min.)
   Zusammenfassung (5 Min.)
   Check-out (5 Min.)
4. Im Anschluss: Vereinbarung des nächsten Check-ups.

7.8 Tool 8: Ambidextrie-Quick-Check

Worum geht es?

Eine rasche Bestandsaufnahme und Zuordnung der eigenen Aufgaben und Aktivitäten zu den Modi Explore und Exploit.

Exploit		Explore	
· strengthening/stabilising the existing business		· discovery of new (digital) business	
· incremental development of familiar knowledge		· radical new and disruptive developments	
· focus on profit and efficiency		· orientation on learning and experimentation	
· based on hierarchy and a clear division of labour		· based on networking and co-creation	
· to maintain current success		· future-proofing	

Wozu nutzen?

In Teams und auch in größeren Kontexten, um sich die Logik des eigenen Arbeitens bewusst zu machen.

Wann passt es?

Zur Steigerung der Ambidextriefähigkeit.

Wie viel Zeit braucht es?
30 Minuten.

Mit wie vielen Menschen geht es?
Unbegrenzt. Von der Einzelperson bis zu Großgruppen einsetzbar.

Welches Material ist notwendig?
Ein Template (vgl. Abbildung) im Ausdruck für jeden Teilnehmer. Alternativ eine Arbeitsanweisung auf Flipchart. Notizblock und Stift pro Teilnehmer.

Was muss die Moderation leisten?
Das Thema und die Begrifflichkeiten sind gegebenenfalls erklärungsbedürftig. Die Moderation sollte Ambidextrie erläutern und Beispiele für Tätigkeiten im Exploit- und Explore-Modus geben.

Wie läuft es ab?

1. Erläuterung der Begrifflichkeiten und des Templates, das verwendet wird. (5 Min.)
2. Einzelarbeit: Jeder füllt das Template aus. (10 Min.)
3. Je nach Gruppengröße: Reflexion in der Gruppe oder Reflexion in Duos mit anschließender Reflexion im Plenum. (15 Min.)
4. Dies als Ausgangspunkt für weitere Überlegungen rund um Explore/Exploit, Creativity etc. nutzen.

7.9 Tool 9: My Leadership Purpose

Worum geht es?
Warum bin ich Führungskraft? Diese Frage stellen sich viele Führungskräfte zu selten, zu spät oder nicht regelmäßig genug. Hier geht es nicht um die Frage, ob es besser wäre, keine Führungskraft zu sein, sondern um das eigene Why für Führung. Die Antwort auf das Why bestimmt dann die Haltung, mit der geführt wird. Und die Haltung ist im Collaborative Leadership der zentrale Angelpunkt.

Tony Hsieh, der *Zappos*-CEO, hat den Unterschied von Pleasure, Passion und Purpose in dem Buch »Delivering Happiness« (2011) gut beschrieben. Diese Unterscheidung nutzen wir hier:

Pleasure	Passion	Purpose
This type of happiness is about always chasing the next high. It is a rock-star type of happiness	Also known as "flow", where peak performance meets peek engagement, and time flies by.	This is about being part of something bigger than yourself that has meaning to you.

Wozu nutzen?
Wenn Führungskräfte neu in Führung sind, wenn Führungskräfte ihre Rolle, Aufgabe oder Position wechseln, wenn Führungskräfte sich überlastet fühlen, im Rahmen von Veränderungsprozessen insgesamt ist dies ein wertvolles Tool, das viel Klarheit verschafft.

Wann passt es?
Es passt im Coaching, in Seminaren, in Gruppensettings oder individuellen Formaten. Es passt immer dann, wenn bei den Führungskräften eine Offenheit für ehrliche Reflexion besteht.

Wie viel Zeit braucht es?
Im Seminarkontext braucht es ca. 45 Minuten. Sehr wertvoll ist der wechselseitige Austausch. Dafür sollte genügend Zeit eingeplant werden.

Mit wie vielen Menschen geht es?
Von 1 bis 25 oder mehr. Hier gibt es keine Beschränkung. Mit 20 Teilnehmer*innen kann dann sehr schön ein Speed-Dating mit Innenkreis und Außenkreis organisiert werden, das sehr viel Energie freisetzt.

Welches Material ist notwendig?
Ein Template, das einfach ist und so aussieht:

Meine Leadership Pleasure	....
Meine Leadership Passion	....
Mein Leadership Purpose	....

Was muss die Moderation leisten?
Gut erklären, warum wir das machen, und erklären, warum Reflexion und Haltung sehr wichtig sind.

Wie läuft es ab?

1. Erklären, warum Leadership Purpose wichtig ist.
2. Erklären, was der Unterschied zwischen Pleasure, Passion und Purpose ist.
3. Ausarbeitung individuell entlang des Templates.
4. Austausch zu zweit oder in der großen Runde – z. B. mit Speed-Dating als Format.

7.10 Tool 10: Prototyping

Worum geht es?
Prototyping ist eine einfache, schnelle und wirksame Herangehensweise, die wir von Start-ups lernen können. Der »Build – Measure – Learn«-Loop hat sich mittlerweile in vielen Kontexten durchgesetzt. Prototyping ist *die* Vorgehensweise, mit der eine schnelle Entwicklung von Ideen, Produkten oder Konzepten gelingt. Man entwickelt eine erste Idee, bekommt Feedback dazu (Wie könnte es noch besser werden?), passt die Idee an und bekommt wieder Feedback dazu etc. Dies macht man mindestens in drei Runden.

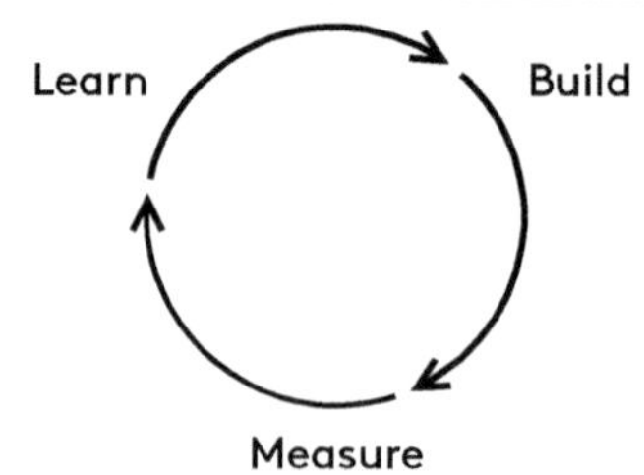

Wozu nutzen?

Wenn es darum geht, in einem kurzen Zeitraum zu einem gemeinsamen Ergebnis für eine Idee, ein Produkt oder Konzept zu kommen. Es ist ein kreatives, kollaboratives Tool, das Spaß macht und zu sehr guten Ergebnissen führt.

Wann passt es?

Es passt immer dann, wenn ein konkretes Ergebnis erzielt werden soll und wenn es neben denen, die das Ergebnis entwickeln, auch jemanden gibt, der Feedback geben kann.

Wie viel Zeit braucht es?

Ein striktes Timeboxing ist sehr wichtig. Man kann in 75 Minuten und drei Runden viel erreichen.

- Runde 1:
  Build – 10 Min.
  Measure = Feedback – 3 Min.
  Learn – 5 Min.

Wenn mehrere Gruppen parallel arbeiten, muss mehr Zeit für Feedback eingeplant werden.

- Runde 2:
  Build – 8 Min.
  Measure = Feedback – 3 Min.
  Learn – 5 Min.
- Runde 3:
  Build – 8 Min.
  Measure = Feedback – 3 Min.
  Learn – 5 Min.

Abschlusspräsentation – 3 Min.

Mit wie vielen Menschen geht es?

Die Teams sollten nicht mehr als 5 Personen umfassen. Mehrere Teams parallel funktionieren gut, allerdings sind mehr als 3 Teams parallel für das Feedback herausfordernd.

Welches Material ist notwendig?

Eine Arbeitsstation für jedes Team mit Board, Post-its, Stiften. Ein Timer für das Timeboxing.

Was muss die Moderation leisten?

Die Moderation muss das Vorgehen gut erklären, die Zeit strikt im Blick halten, das Feedback streng moderieren und die Teams anfeuern, in kurzer Zeit zu Resultaten zu kommen.

Wie läuft es ab?

1. Themen gemeinsam festlegen, für die Ergebnisse erzielt werden sollen. Am besten aufschreiben.
2. Gruppen bilden, die die Produkte, Ideen etc. entwickeln.
3. Prototyping in drei Runden (s. o.).
4. Präsentation der Ergebnisse.
5. Feiern!

7.11 Tool 11: Entscheidung mal anders

Worum geht es?

Es lohnt sich, immer wieder mal andere Entscheidungsverfahren auszuprobieren. Denn viele Menschen in Organisationen sind heute genervt davon, dass Entscheidungen lange dauern, zu viele Schleifen brauchen und nicht vorankommen.

Wir nutzen in Seminaren und Workshops eine sehr einfache Form von Konsententscheidungen: Daumen hoch, runter oder zur Seite.

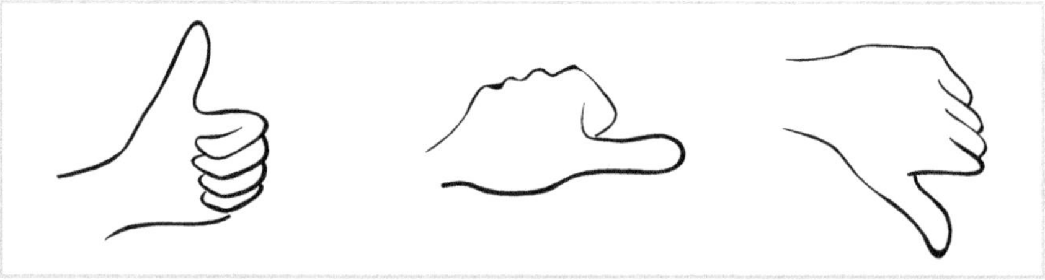

Daumen hoch: Ich bin mit der Option einverstanden.

Daumen zur Seite: Ich find's nicht gut, aber trage die Entscheidung mit beziehungsweise »die Option liegt in meinem Toleranzbereich«.

Daumen nach unten: Ich habe ein Veto, über das ich gerne sprechen möchte.

Wozu nutzen?
Wann immer es darum geht, bei Entscheidungen, die von einer Gruppe getroffen werden müssen, zu schnellen gemeinsamen Ergebnissen zu kommen.

Wann passt es?
In Teams, in Workshops und Seminaren, in Gruppensituationen. Es passt allerdings nicht, wenn es erst mal einen großen Bedarf an Vergemeinschaftung gibt. Aber sonst passt es immer, wenn es darum geht, eine Entscheidung wirklich zu treffen.

Wie viel Zeit braucht es?
Der Zeitaufwand ist gering. Es geht schnell und es ist einfach erklärt.

Mit wie vielen Menschen geht es?
Dieses Verfahren eignet sich auch für große Gruppen sehr gut.

Welches Material ist notwendig?
Keines.

Was muss die Moderation leisten?
Die Moderation muss gut erklären, warum wir dieses Verfahren nutzen, wie es funktioniert. In Workshops und Seminaren muss die Moderation ein paar Situationen vorbereiten, in denen man das Entscheidungsverfahren anwenden kann.

Wie läuft es ab?
1. Erklären, wie das Verfahren funktioniert.
2. Beispielsituationen vorstellen und eine auswählen.
3. Entscheidungen durchführen.
4. Verfahren und Vorgehen auswerten.

7.12 Tool 12: Feedback

Worum geht es?
Feedback ist das Herz von Collaborative Leadership und man kann es gar nicht oft genug üben. Wir unterscheiden zwischen Feedback zum Verhalten bzw. zur Zusammenarbeit und Feedback zu Inhalten. Bei beiden Perspektiven geht es darum, gemeinsam besser zu werden und sich zu entwickeln.

Wozu nutzen?

Feedback zum Verhalten bzw. zur Zusammenarbeit sollte in allen Teams regelmäßig genutzt und eingesetzt werden. In den im nächsten Tool beschriebenen Retrospektiven geht es genau darum. Aber auch im Alltag ist es wichtig, sich regelmäßig Feedback zu geben. Nur so kann Entwicklung entstehen.

Feedback zu den Inhalten ist zum Beispiel in der agilen Zusammenarbeit ein wichtiger Bestandteil der Entwicklungsarbeit.

Die einfachste Form für Feedback zum Verhalten bzw. zur Zusammenarbeit ist WWW:

- W – Wahrnehmung: Was habe ich erlebt, beobachtet, wahrgenommen?
- W – Wirkung: Wie hat es auf mich gewirkt? Was hat es ausgelöst?
- W – Wunsch: Was wünsche ich mir für die Zusammenarbeit, damit wir gemeinsam besser werden?

Dabei bleibt man immer auf der beschreibenden und nicht bewertenden Ebene.

Die einfachste Form für Feedback zu den Inhalten ist VVV:

- V – Verständnis: Was brauche ich noch, um alles zu verstehen?
- V – Verarbeitung: Wo stimme ich zu? Wo nicht? Was passt für mich? Was nicht?
- V – Vorschlag: Wie könnte es noch besser werden? Wo kann es ergänzt werden?

Wann passt es?

Feedback passt immer. Aber Vorsicht: Feedback darf nicht für Ansagen, Kritikgespräche oder Konfrontationsgespräche missbraucht werden. Feedback sollte immer in der Haltung eines Growth Mindset erfolgen. Es geht immer um die gemeinsame Entwicklung, ums Besserwerden.

Wie viel Zeit braucht es?

Feedback selbst braucht nicht viel Zeit. Aber wenn man Feedback einführt oder etablieren möchte, dann braucht man Zeit für Auswertung und Anpassung und zum Üben.

Mit wie vielen Menschen geht es?

Feedback zum Verhalten bzw. zur Zusammenarbeit sollte immer direkt erfolgen. Im Team, mit dem Kollegen, mit der Chefin.

Welches Material ist notwendig?
Keines.

Was muss die Moderation leisten?
Für Feedback braucht es keine Moderation.

Wie läuft es ab?
Siehe oben.

7.13 Tool 13: Retrospektive

Worum geht es?
Die Retrospektive ist ein klassisches Format in der agilen Zusammenarbeit. Mit ihr blickt man zurück auf einen bestimmten Zeitraum und wertet die Zusammenarbeit aus. Was lief gut, was könnte besser laufen? Was sollten wir verändern? Dieses Format lässt sich auf verschiedene Situationen auch außerhalb von Agilität anwenden. Wichtig ist, dass am Ende die Anpassungen, die vorgenommen werden, gemeinsam verabredet werden.

Wozu nutzen?
Immer wenn es darum geht, gemeinsam die Zusammenarbeit in einem definierten Zeitraum auszuwerten und daraus abzuleiten, wie die Zusammenarbeit verbessert werden kann.

Wann passt es?
Es passt immer dann, wenn Menschen zusammenarbeiten und ein Interesse daran haben, diese Zusammenarbeit kontinuierlich zu verbessern.

Wie viel Zeit braucht es?
Zwischen 30 und 90 Minuten geht alles.

Mit wie vielen Menschen geht es?
Mit mehr als 9 Personen wird es zu aufwendig.

Welches Material ist notwendig?
Es braucht Post-its und Stifte und eine Wand.

Was muss die Moderation leisten?
Die Moderation muss das Format vorschlagen: Glad – Sad – Mad, Wetterbericht, Starfish, Stimmungsbarometer – es gibt sehr viele verschiedene Methoden. Es lohnt sich, eine Zeit lang bei einer Methode zu bleiben und dann zu wechseln.

Wie läuft es ab?
1. Erklärung der Methode, des Vorgehens und des Zeitrahmens.
2. Alle schreiben ihre Eindrücke und Ideen auf Post-its auf.
3. Dann werden die Post-its Schritt für Schritt vorgestellt – am besten jeweils in den Kategorien.
4. Es folgt je Kategorie eine Auswertung.
5. Dann eine Gesamtauswertung und Festlegung der Anpassungen.

7.14 Tool 14: Storytelling

Worum geht es?
Die Kraft von Geschichten zu nutzen – darum geht es! In jeder Situation kann das sehr hilfreich sein. Insbesondere aber in der Führung. Storytelling ist ein Tool, das jede Führungskraft kennen sollte. Als Tool ist ein einfacher Canvas hilfreich:

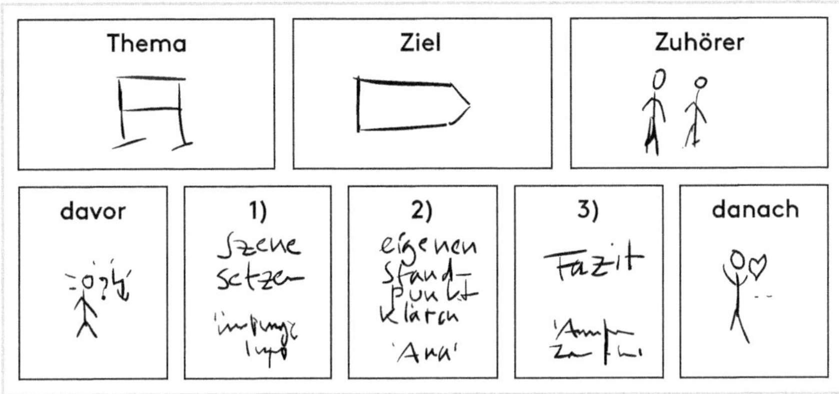

Wozu nutzen?

Die Kraft einer guten Geschichte kann man dazu nutzen, andere zu überzeugen, andere mitzunehmen, andere für die eigene Idee zu gewinnen, andere in Bewegung zu versetzen …

Wann passt es?

Wir setzen das Tool sehr gerne in Seminaren und Workshops ein. Hier entsteht viel Energie, da man direkt Feedback von einer großen Gruppe bekommt.

Wie viel Zeit braucht es?

Im Workshop braucht man ca. 30 Minuten für die Entwicklung der Story und abhängig von der Anzahl der Teilnehmer*innen noch einmal 30 bis 60 Minuten für die Präsentationen.

Mit wie vielen Menschen geht es?

Von 5 bis 25 Personen haben wir schon alles ausprobiert – und es funktioniert.

Welches Material ist notwendig?

Stift und Zettel und los geht es.

Was muss die Moderation leisten?

Die Moderation muss die Idee von Storytelling gut vermitteln, sie muss erklären, wie die Entwicklung der Story mithilfe des Canvas funktioniert, und sie muss Werbung dafür machen, die Story dann auch zu präsentieren.

Wie läuft es ab?

Mithilfe des Canvas (s. o.) ist es ganz einfach:

1. Man überlegt zunächst in Stichworten Thema, Ziel und Zuhörer.
2. Dann überlegt man in Stichworten, in welcher Situation sich die Zuhörer befinden, bevor sie die Story hören, und in welcher Situation sie sich befinden sollen, nachdem sie die Story gehört haben.
3. Wenn der Rahmen steht, geht es um die eigentliche Story, die erst jetzt geschrieben wird.
4. Szene setzen, eigenen Standpunkt erklären, Fazit!
5. Dabei muss der Rahmen eine wichtige Rolle spielen.

7.15 Tool 15: Lean Strategy

Worum geht es?

In vielen Unternehmen erleben wir derzeit eine Veränderung in der Strategiearbeit. Neben der etablierten und immer noch bewährten Form der ganzheitlichen Unternehmensstrategie treten Strategien auf, die sich auf Initiativen, Projekte, Bereiche oder Themen beziehen. Dafür haben wir einen Ansatz entwickelt, den wir »Lean Strategy« nennen.

Mit Lean Strategy (Arensmann et al. 2019) lassen sich in Teams oder Gruppen in einem überschaubaren Zeitrahmen Vision, Purpose und Ziele entwickeln. Mehr braucht es manchmal gar nicht für eine strategische Ausrichtung.

Wozu nutzen?
Wenn es in Teams, Projekten, Initiativen oder auch einzelnen Abteilungen und Bereichen darum geht, eine strategische Ausrichtung zu entwickeln, und dies in einem gemeinschaftlichen Prozess geschehen soll.

Wann passt es?
Es passt immer dann, wenn der Bezugsrahmen sehr klar ist, wenn die Zeit begrenzt ist und wenn gemeinschaftlich etwas entwickelt werden soll.

Wie viel Zeit braucht es?
Es braucht einen halben bis anderthalb Tage.

Mit wie vielen Menschen geht es?
Es geht gut in einer überschaubaren Gruppe von 5 bis 9 Personen.

Welches Material ist notwendig?
Es ist kein spezifisches Material notwendig.

Was muss die Moderation leisten?
Die Moderation muss sich wirksame Methoden für die einzelnen Schritte überlegen, damit die Entwicklung gut funktioniert.

So eignet sich für die Vision eine Zukunftsreise, für den Purpose der Golden Circle von Simon Sinek (2011) und für die Ziele können OKRs genutzt werden.

Die Haltung sollte dabei die eines Prototypings sein. Es geht darum, das MVP einer Strategie zu entwickeln, einen ersten vergemeinschafteten Entwurf, mit dem man arbeiten kann.

Wie läuft es ab?
1. Rahmen klären.
2. Vision entlang einer Zukunftsreise entwickeln.
3. Purpose mithilfe des Golden Circle von Simon Sinek entwickeln.
4. Ziele mithilfe von OKRs entwickeln.
5. Lean Strategy als MVP entwickeln.

8 Literaturverzeichnis

Arensmann, M.; Dietl, W.; Glatzel, K.; Lieckweg, T. (2019): Lean Strategy. Organisationsentwicklung 1/2019, S. 94–95.

Baecker, D. (1994): Postheroisches Management: Ein Vademecum. Berlin: Merve Verlag.

Baecker, D. (2018): 4.0 oder Die Lücke, die der Rechner lässt. Berlin: Merve Verlag.

Bernstein, E.; Bunch, J.; Canner, N.; Lee, M. (2016): Beyond the Holacracy Hype. Harvard Business Review, July–August 2016, S. 38–49.

Boston Consulting Group (2017): BCG-Studie: Agile Unternehmen sind wirtschaftlich erfolgreicher. https://www.bcg.com/publications/2017/people-boosting-performance-through-organization-design.aspx (Zugriff am 8.4.2020).

Brinkmann-Göbel, R. (2018): Angst 4.0 – Widerstand oder produktive Energie? https://www.energie-durch-entwicklung.com/energie-impuls-8-angst-4-0-widerstand-oder-produktive-energie/ (Zugriff am 8.4.2020).

Buhr, A. (2017): (Wie) führt die »Generation Why« anders? Eine Studie zum Führungsverhalten der Digital Natives. https://text-ur.de/blog/blogdetail/Neuerscheinung-Wie-fuehrt-die-8218-Generation-Why-anders-8211-Studien-Whitepaper-der-Buhr-amp-Team-AG (Zugriff am 8.4.2020).

Bundesministerium für Wirtschaft und Energie (2017): Die digitale Transformation im Betrieb gestalten – Beispiele und Handlungsempfehlungen für Aus- und Weiterbildung. Berlin.

Catmull, E. (2014): Creativity Inc.: Overcoming The Hidden Forces That Stand in the Way of True Inspiration. London: Bantam Press.

Ciampa, D. (2018): Why New Leaders Should Be Wary Of Quick Wins. Harvard Business Review. https://hbr.org/2018/06/why-new-leaders-should-be-wary-of-quick-wins (Zugriff am 8.4.2020).

Crocker, A.; Cross, R.; Gardner, H. K. (2018): How To Make Sure Agile Teams Can Work Together. Harvard Business Review. https://hbr.org/2018/05/how-to-make-sure-agile-teams-can-work-together (Zugriff am 8.4.2020).

Cross, R.; Taylor, S.; Zehner, D. (2018): Collaborating Without Burnout. Harvard Business Review. https://hbr.org/2018/07/collaboration-without-burnout (Zugriff am 8.4.2020).

Cross, R.; Edmondson, A.; Murphy, W. (2020): A Noble Purpose Alone Won't Transform Your Company. MIT Sloan Management Review, Vol. 61, No. 2, S. 37–43.

Deloitte (2018): Der Aufstieg der »sozialen Organisation«. Globale Human Capital Trendstudie 2018. https://www2.deloitte.com/content/dam/Deloitte/de/Documents/human-capital/Human-Capital-Trends-2018.PDF (Zugriff am 8.4.2020).

Dignan, A. (2019): Brave New Work: Are You Ready to Reinvent Your Organization? New York: Portfolio Penguin.

Gallup Studie (2019): Engagement Index Deutschland. https://www.gallup.de/183104/engagement-index-deutschland.aspx (Zugriff am 8.4.2020).

Gino, F. (2019): Cracking the code of sustained collaboration. In: Harvard Business Review, November–December 2019.

Glatzel, K.; Lieckweg, T. (2014): Lean Startup. Was etablierte Unternehmen von Startups lernen können. In: Zeitschrift für Unternehmensentwicklung und Change Management, 2/2014, S. 22–24.

Glatzel, K.; Lieckweg, T. (2015): Führen unter Unsicherheit – Was man von Startups lernen kann. In: Geramanis, O.; Hermann, K. (Hrsg.): Führen in ungewissen Zeiten. Impulse, Konzepte und Praxisbeispiele. Wiesbaden: Springer Gabler, S. 391–402.

Glatzel, K.; Lieckweg, T. (2016): Leading in the Digital Age. Studie. Leadalab. http://www.collaborative-leadership.net (Zugriff am 8.4.2020).

Glatzel, K.; Lieckweg, T. (2018a): Einfluss statt Macht – warum Collaborative Leadership gefragt ist. In: Wirtschaftspsychologie aktuell, Heft 3, 2018, S. 28–34.

Glatzel, K.; Lieckweg, T. (2018b): Identität und Zugehörigkeitsmechanismen in Start-ups. Product – People – Passion – Culture. In: Geramanis, O.; Hutmacher, S. (Hrsg.): Identität in der modernen Arbeitswelt. Wiesbaden: Springer Gabler, S. 85–98.

Green Carmichael, S. (2017): Collaborating Better Across Silos. Harvard Business Review. https://hbr.org/ideacast/2017/01/collaborating-better-across-silos.html (Zugriff am 8.4.2020).

Grote, S.; Goyk, R. (2018): Agile Führung – das neue Gutwort im Management? In: Grote, S.; Goyk, R. (Hrsg.): Führungsinstrumente aus dem Silicon Valley. Konzepte und Kompetenzen. Wiesbaden: Springer Gabler.

Groysberg, B.; Slind, M. (2012): Leadership is a conversation, Harvard Business Review, June 2012

Halligan, B. (2016): How Decision Making Evolves as a Startup Grows. Harvard Business Review. https://hbr.org/2016/03/how-decision-making-evolves-as-a-startup-grows (Zugriff am 8.4.2020).

Hsieh, T. (2011): Delivering Happiness: A Path to Profits, Passion, and Purpose. New York: Grand Central Publishing.

Ignatius, A.; McGinn, D. (2015): Novo Nordisk CEO Lars Sørensen on What Propelled Him to the Top. https://hbr.org/2015/11/novo-nordisk-ceo-on-what-propelled-him-to-the-top (Zugriff am 8.4.2020).

Immelt, J. R. (2017): How I remade GE. In: Leading Transformation. Article Collection. Harvard Business Review. https://hbr.org/product/leading-transformation/R1705B-HCB-ENG (Zugriff am 8.4.2020).

Janién, J. (2019): Health Checks for Teams and Leadership. Crisp's Blog. https://blog.crisp.se/2019/03/11/jimmyjanlen/health-checks-for-teams-and-leadership (Zugriff am 8.4.2020).

Kane, G. C; Phillips, A. N.; Copulsky, J.; Andrus, G. (2019): How Digital Leadership Is(n't) Different. MIT Sloan Management Review. Vol. 60, No. 3. https://sloanreview.mit.edu/article/how-digital-leadership-isnt-different/ (Zugriff am 8.4.2020).

Laloux, F. (2015): Reinventing Organizations. München: Vahlen.

Luhn, M. (2016): Inspiring Creativity in the Workplace. https://www.youtube.com/watch?v=XmMxKBqDxRA (Zugriff am 8.4.2020).

Luhn, M. (2018): The best story wins. New York: Morgan James Publishing.

McKinsey Quarterly (2016): Leading in the Digital Age. A Conversation. In: Digital Strategy. The Economics of Disruption. McKinsey Quarterly 2/2016. S. 98–105.

O'Reilly, C. A.; Tushman, M. L. (2016): Lead and Disrupt: How to Solve the Innovator's Dilemma. Stanford: Stanford University Press.

Ready, D. A.; Cohen, C.; Kiron, D.; Pring, B. (2020): The New Leadership Playbook for the Digital Age. Reimagining what it takes to lead. MIT Sloan Management Review, Research Report. https://sloanreview.mit.edu/projects/the-new-leadership-playbook-for-the-digital-age/ (Zugriff am 8.4.2020).

Rüther, C. (2019): Gruppen-Entscheidungsverfahren in Teams. In: ZOE 2/2019, http://www.soziokratie.org/wp-content/uploads/2019/07/ZOE-02_2019_WZK.pdf (Zugriff am 8.4.2020).

Schmidt, E.; Rosenberg, J. (2014): How Google Works. New York: Grand Central Publishing.

Sinek, S. (2011): Start with Why. How Great Leaders Inspire Everyone to Take Action. London: Penguin Books.

Thomke, S. (2020): Building a Culture of Experimentation. HBR 2020 (2), S. 40–48.

Tushman, M. L.; O'Reilly III, C. A. (1996): Ambidextrous Organizations: Managing evolutionary and revolutionary change. California management review, 38(4), S. 8–29.

Wikipedia (o. J.): Dissent. https://en.wikipedia.org/wiki/Dissent (Zugriff am 6.4.2020).

Willenbrock, H. (2018): ING-Diba: Eine Bank auf Speed. In: brand eins, Ausgabe 11/2018, https://www.brandeins.de/magazine/brand-eins-wirtschaftsmagazin/2018/lebensmittel/ing-diba-eine-bank-auf-speed (Zugriff am 8.4.2020).

Wimmer, R.; von Ameln, F. (2019): Agilität, Ambidextrie und organisationale Veränderungskompetenz. Rudi Wimmer über Erbe und Zukunft des Change Managements. In: GIO Gruppe. Interaktion. Organisation, 2019, S. 211–216.

World Economic Forum (2018): The Future of Jobs Report. https://www.weforum.org/reports/the-future-of-jobs-report-2018 (Zurgiff am 8.4.2020).

World Economic Forum (WEF) (2019): HR 4.0. Shaping People Strategies in the Fourth Industrial Revolution. Whitepaper. https://www.weforum.org/reports/hr4-0-shaping-people-strategies-in-the-fourth-industrial-revolution (Zugriff am 8.4.2020).

Stichwortverzeichnis

4C-Modell 14, 18, 29, 41, 57
— Communication 43, 100, 105
— Consent 43, 82, 86, 88
— Contribution 42, 57, 62, 66
— Creativity 42, 67

A
Agilität 83, 115
— Kollaboration 120
— Rollen 115
— Selbstorganisation 115
Auseinandersetzung 82, 85, 88
— Auseinandersetzungskultur schaffen 42, 76, 88
— Regeln 85

C
Collaborative Leadership 14, 15, 16, 28, 41, 42
— 4C-Modell 14, 42
— Auseinandersetzung 92
— Führungsverständnis 42
— Tools 124
— Umsetzung in Unternehmen 44
Collaborative Overload 104
Communication 43, 90, 100, 105, 108
— Corporate Communication 106
— digitale Kommunikation 105, 108, 135
— Face-to-Face-Kommunikation 105, 108
— Feedback 67
— Organizational Communication 43, 106, 107
— passende Atmosphäre 75
— Responsiveness 63
— Social-Media-Kommunikation 108
— Storytelling 113, 148
— Transparenz 79
— typische Probleme 113
Consent 43, 82, 85, 86, 88, 89, 92, 95, 97
— Auseinandersetzung 43, 85
— Entscheidungsprozess gestalten 92
— typische Probleme 99
Contribution 42, 57, 62
— Purpose 58
— Responsiveness 60
— typische Probleme 66
Corporate Communication 106
Creativity 42, 67, 75
— Entwickeln von Ideen 71
— Feedback 67, 70
— Fehlerkultur 74, 75, 76
— Prototyping 71, 75, 77, 142
— typische Probleme 81
— Vertrauen 70
— Voraussetzungen im Unternehmen 67, 75

D
DIBB-Modell 32, 133
Digital Age, Entwicklung 34
Digitale Kommunikation 135
Digitalisierung 18, 29, 33
— Geschwindigkeit 29, 33
— Technologie 18, 28

E
Eigenverantwortung 66
Entscheidungen 24, 84, 86, 88, 92, 94, 144
— Einzelentscheidung 25, 99
— Entscheidungsmatrix 94
— Findungsprozess 43

— Geschwindigkeit 24
— Gruppenentscheidung 144
— Kompromiss 43
— Konsent 95
— Teamentscheidungen 24, 25, 94

F

Face-to-Face-Kommunikation 108
Feedback 67, 70, 72, 74, 75, 97, 145
— Umgang mit Feedback 81
— Zeitpunkt 73
Feedbackkultur 97
Fehlerkultur 32, 43, 74, 75, 76, 80
Führung 17, 18, 30, 91
— als Dialog 110
— Aufgaben 28, 43, 93, 107
— Augenhöhe 88
— Auseinandersetzung 88
— Collaborative Leadership 17, 41
— Entscheidungen 24, 88
— Feedback 67, 68, 70, 74
— Fehlerkultur 32, 43, 74
— Fluid Leadership 38
— Führungskräfteentwicklung 36, 38
— Führungsverständnis 17, 42, 63, 77
— kollektive Führung 14
— Kompetenzen 76
— Macht 87
— modernes Verständnis von Führung 17, 22
— postheroisches Management 27
— Purpose-Kommunikation 42
— responsive 39
— Selbstführung 45
— Selbstorganisation 92
— Selbstreflexion 45
— Selbstverständnis 46, 140
— Servant Leadership 24, 111, 117
— Tools 124
— Vertrauen 33, 43, 64, 70, 71, 89
— Voraussetzungen 37
— Vorbildfunktion 93
— VUCA 37
Führungskraft, Aufgaben 42

H

Hierarchie 26, 27, 38, 90
— Neuorganisation 27
— No/Flat Hierarchy 38
— Organigramm 27

I

Industrie 4.0 33
Innovation 74, 106

K

Kollektive Führung 14
Kommunikation *siehe* Communication
Kompromiss 43
Konsent 95, 97, *siehe* auch Consent
Kreativität *siehe* Creativity

L

Leadership Health Check 109, 137
Lean Strategy 150

M

Macht 87
— Wandel des Machtverständnisses 88
Management, postheroisches 27
Mitarbeiterentwicklung 97, 99
— Feedback 97

N

New Work 67

O
Organigramm 27
Organisation 27
— agile 117
— Agilität 115
— Ambidextrie-Konzept 70, 139
— Auseinandersetzungskultur 76
— Collaborative Leadership 44
— Corporate Communication 106
— Corporate Social Responsibility 58
— Entscheidungen 92, 94
— Feedbackkultur 82, 97
— Hierarchie 90
— Kommunikation 90, 106
— Mindset 45
— Mitarbeiterentwicklung 97, 99
— Nachwuchsgewinnung 84
— Organigramm 27
— Organizational Communication 106
— Prozessgestaltung 28
— Responsiveness 90
— responsive Organisation 61
— Selbstorganisation 97
— Selbstreflexion 45
— soziale Organisation 57
— strategische Ausrichtung 134
— Unternehmensstrategie 150
— Veränderung 27, 28, 44
Organizational Communication 43, 106, 107

P
Persona 131
Postheroisches Management 27
— Führungsverständnis 27
Prototyping 43, 71, 75, 77, 132, 142
Prozesse 28
Prozessgestaltung 28
Purpose 42, 58, 61
— fehlender 66

R
Remote Work 13
Responsiveness 61, 63, 90
Retrospektive 147

S
Selbstführung 45
Selbstorganisation 62, 90, 92, 97, 115
Servant Leadership 24, 117
Social-Media-Kommunikation 108
Soziokratie 92, 93
Stand-up-Meeting 107
Start-up
— Kommunikation 106
— Stand-up-Meeting 107
Storytelling 113, 148

T
Team Health Check 109, 137

V
Veränderungsbereitschaft 16
Vernetzung 29, 34
Vertrauen 89
— Kreativität 70

W
Wandel 44
— Mindset 45
— Mitarbeiterbeteiligung 60

Feedback